高等职业院校前沿技术专业特色教材

U0182839

无人机组装与调试

◎ 主　编 杨富程 潘天宇

副主编 聂祥樊 胡强 李莉

清華大学出版社

北京

内 容 简 介

本书为中国航空学会推荐教材。本书围绕无人机组装与调试的核心内容,阐述了无人机组装调试常用工具的使用方法,以及无人机在实际组装调试过程中的常见问题。本书共分四章,第一章介绍了基础工具以及使用方法,例如游标卡尺,万用电表等;第二章主要讲述了无人机组装过程中关键步骤焊接的知识与技巧;第三章主要讲述了航电系统的基本操作;第四章主要讲述了飞行练习机的组装和调试。

本书可作为职业院校无人机应用技术专业教材,也可作为无人机从业者和无人机爱好者的参考书。

图书在版编目(CIP)数据

无人机组装与调试/杨富程,潘天宇主编.—北京:清华大学出版社,2021.9(2024.1重印)
高等职业院校前沿技术专业特色教材
ISBN 978-7-302-58546-6

Ⅰ.①无… Ⅱ.①杨… ②潘… Ⅲ.①无人驾驶飞机－组装－高等职业教育－教材 ②无人驾驶飞机－调试方法－高等职业教育－教材 Ⅳ.①V279

中国版本图书馆 CIP 数据核字(2021)第 132308 号

责任编辑:张　弛
封面设计:刘　键
责任校对:李　梅
责任印制:宋　林

出版发行:清华大学出版社
网　　　　址:https://www.tup.com.cn,https://www.wqxuetang.com
地　　　　址:北京清华大学学研大厦 A 座　　　　邮　　编:100084
社 总 机:010-83470000　　　　邮　　购:010-62786544
投稿与读者服务:010-62776969,c-service@tup.tsinghua.edu.cn
质量反馈:010-62772015,zhiliang@tup.tsinghua.edu.cn
课件下载:https://www.tup.com.cn,010-83470410
印 装 者:三河市科茂嘉荣印务有限公司
经　　销:全国新华书店
开　　本:185mm×260mm　　印　张:8.25　　　　字　　数:207 千字
版　　次:2021 年 10 月第 1 版　　　　　　　　　印　　次:2024 年 1 月第 2 次印刷
定　　价:49.00 元

产品编号:090848-01

编写委员会

丛书主编：

    姚俊臣

编   委：

    周竞赛 李立欣 张广文

    胡   强 朱 妮

序言

　　职业教育与普通教育作为高等教育的两翼,具有同等重要的地位。改革开放以来,职业教育为我国经济社会发展提供了有力的人才和智力支撑,现代职业教育体系框架全面建成,服务经济社会发展能力和社会吸引力不断增强,具备了建设科技强国的诸多有利条件和良好工作基础。随着我国进入新的发展阶段,产业升级和经济结构调整不断加快,各行各业对技术技能人才的需求越来越紧迫,职业教育的重要地位和作用进一步凸显。这一点在我国航空科技领域愈发突出,航空产业发展离不开大国工匠和高水平的职业技术人才。

　　作为我国航空科技飞速发展的重要代表,无人机技术广受关注,已经一跃成为通用航空领域的一支新生力量,目前中国民用消费类无人机已占全球70%左右的市场份额。2017年12月,工业和信息化部印发《关于促进和规范民用无人机制造业发展的指导意见》。到2025年,综合考虑产业成熟度提升后的发展规律,民用无人机产业将由高速成长转向逐步成熟,按照年均25%的增长率测算,到2025年民用无人机产值将达到1800亿元。2020年,习近平总书记在视察空军航空大学时指出:现在各类无人机系统大量出现,无人作战正在深刻改变战争面貌。要加强无人作战研究,加强无人机专业建设,加强实战化教育训练,加快培养无人机运用和指挥人才。职业技术院校无人机应用技术专业成为当下的热门专业,已有500多所院校新设相关专业,远超设置航空相关专业的综合性大学数量。

　　目前国内无人机教育仍然处在探索和起步阶段,伴随着近年来国内无人机市场的井喷发展,无人机人才需求缺口也日益凸显,尤其是无人机技能人才缺口更大。从不同层次的学科培养角度,院校需要区分高等教育和职业教育的特点,进而达到有针对性的教育目的,实现人才培养和供给的多元化。随着人力资源和社会保障部把无人机驾驶员作为13个新职业之一,无人机应用成为新热点,具备实际操作能力的无人机操控及维护人员将成为炙手可热的人才。在我国就业形势异常严峻的大背景下,无人机应用技术人才成为国家紧缺人才之一,专业无人机操控技能将显示出超强的竞争力,学习和参与无人机的人数逐年上涨。2019年,无人机装调检修工再次成为新兴职业,新增无人机专业(或无人机方向)的中高职院校将很快超过1000所。但是与通用航空事业已经较成熟的发达国家相比,与建设现代化经济体系、建设科技强国的要求相比,我国无人机职业教育还存在着体系建设不够完善、无人机职业技能实训基地建设有待加强、制度标准不够健全、企业参与办学的动力不足、技术技能人才成长的配套政策尚待完善、办学和人才培养质量水平参差不齐等问题。

　　为贯彻落实《职业学校校企合作促进办法》《国家职业教育改革实施方案》等

文件精神,推动无人机职业教育事业发展,提高职业教育发展水平,完善高层次应用型人才培养体系,促进校企产教融合,为企业培养具有良好职业素质的应用型人才,中国航空学会组织40余位航空科技,尤其是无人机科研和教育方面的专家编写了本系列教材,希望为无人机技能人才培养提供参考支撑。这是中国航空学会作为我国航空科技领域最具影响力的科技社团的使命与职责。

本系列教材得到了北京小飞手教育科技有限公司和圆梦天使(北京)教育科技有限公司的大力支持,在此深表感谢。

中国航空学会理事长

前言

近年来,随着制造成本的降低和功能性能的完善,无人机行业迎来了爆发式成长。作为新一轮科技创新和产业变革的代表,无人机的研发凝结了航空电子、新材料等高科技产业,而无人机的组装与调试更体现了一个国家产业集成能力和工匠精神。无人机涉及的专业广、范围宽,其组装与调试要求从业人员既要具备对无人机概念和核心技术的理解,又要具有较强的动手能力。在国家一系列的扶持政策下,无人机行业和职业教育行业双双迎来发展的春天,职业技术培训以无人机组装与调试作为切入点,希望培养出更多合格的技术型人才和能工巧匠。但是我国无人机方面的职业教育方面仍处在起步阶段,面对数量庞大且结构复杂的无人机,急需实用且紧跟技术前沿的无人机组装与调试方面的专业教材。

无人机的发展正呈现出两个特点:①无人机的应用得到了快速普及,小型化、低成本的无人机正快速大量地出现在我们生活的各个场景;②随着通信技术的完善和各种载荷的应用,无人机作为一个飞行平台,其结构更加精密、任务更加复杂。上述特点对一线的无人机组装与调试人员培养提出了新的要求,既要培养足够数量的无人机组装与调试人员以满足市场需求,又要培养具备较高水平的从业人员以满足各类高端复杂无人机的组装和调试。截至目前,全国开设无人机专业的职业院校大概有200多所,作为新兴技术专业,还处于探索和起步阶段的无人机专业,缺少完善的教学体系、专业的教学标准、系列教材等。面对此种情况,我们开发了关于职业院校无人机应用技术的系列教材,结合职业教育的特点,既可以帮助各职业技术院校快速培养无人机组装调试人才,又可以作为未来培养高级无人机组装调试的基础教程,为后续人才培养打好基础。

无人机组装与调试是职业院校无人机相关专业非常重要的一门专业核心课,本书不仅可以作为职业院校无人机应用技术专业的配套教材,而且可以作为从事无人机行业者的参考教材。本书围绕无人机组装与调试的核心内容,阐述了无人机在组装调试过程中需要的常用工具的使用方法,以及无人机在实际组装调试过程中的常见问题,力求内容丰富实用,可操作性强。希望本书能让读者对于无人机组装调试有一个全面、丰富的认识。

作为本系列丛书之一,本书在内容上衔接了无人机设计制造与实践应用,对无人机组装与调试的基本原理和操作流程做了详细阐述。本书共分为四章,第一章介绍了基础工具以及使用方法,第二章主要讲述了无人机组装过程中关键步骤焊接的知识与技巧,第三章主要讲述了航电系统的基本操作,第四章主要讲述了飞行练习机的组装和调试。本书由杨富程、潘天宇担任主编,聂祥樊、胡强、李莉担任副主编。本书紧扣无人机组装与调试的主题,由最基础的工具使用入手,以实践教学的方式讲解了无人机组装与调试涉及的不同技巧与流程,在注重实用性的基础上讲解了无人机各部分的关系和组成。本书既可以作为职业院校师生无人机组装与调试的专业教材,也可以作为无人机其他领域从业人员的入门书籍。

本书在编写过程中得到了业内众多专家学者的指导,同时也参考了国内外大量文献资料,在此对专家学者和文献原作者表示由衷的感谢!

由于编者水平有限,书中难免存在不足之处,恳请各位专家、学者能够给予批评指正,在此深表感谢。

编　者

2021 年 5 月

本书教学课件

目录

第 一 章　组装调试工具介绍及使用

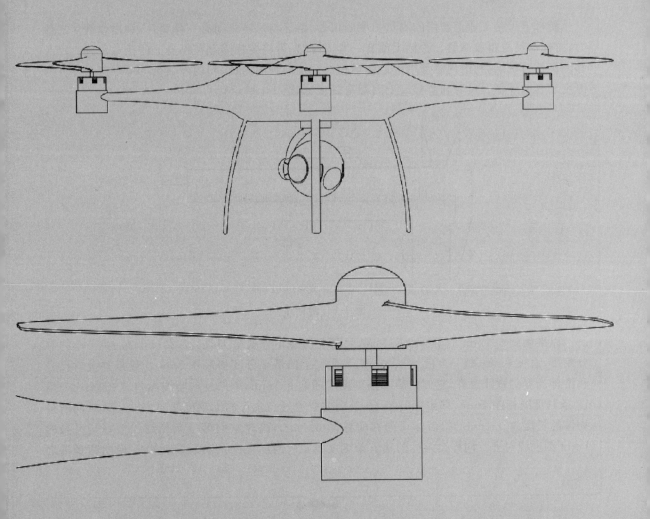

第一节　测量工具

一、游标卡尺

（一）工具介绍

游标卡尺是一种测量长度、内外径、深度的量具。游标卡尺由主尺和附在主尺上能滑动的游标两部分构成。若从背面看，游标是一个整体。深度尺与游标尺连在一起，可以测量槽或筒的深度。

在形形色色的计量器具家族中，游标卡尺作为一种被广泛使用的高精度测量工具，它是刻线直尺的延伸和拓展，最早起源于中国。古代早期测量物体的长度主要采用木杆或绳子，或用"迈步""布手"的手法，待有了长度的单位制以后，就出现了刻线直尺。这种刻线直尺在公元前3000年的古埃及和公元前2000年我国的夏商时代都已有使用，当时主要是用象牙和玉石制成。青铜刻线直尺出现后，这种"先进"的测量工具较多地应用于生产和天文测量中。

（二）工作原理

游标卡尺是工业上常用的测量长度的仪器，游标与尺身之间有一弹簧片，利用弹簧片的弹力，游标与尺身得以靠紧。游标上部有一紧固螺钉，可将游标固定在尺身上的任意位置。尺身和游标都有量爪，利用内测量爪可以测量槽的宽度和管的内径，利用外测量爪可以测量零件的厚度和管的外径。尺身和游标尺上面都有刻度（如图1-1所示）。

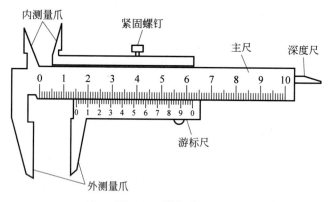

图1-1　游标卡尺

以准确到0.1mm的游标卡尺为例，尺身上的最小分度是1mm，游标尺上有10个小的等分刻度，总长9mm，每一分度为0.9mm，与主尺上的最小分度相差0.1mm。量爪并拢时尺身和游标的零刻度线对齐，它们的第一条刻度线相差0.1mm，第二条刻度线相差0.2mm……第10条刻度线相差1mm，即游标的第10条刻度线恰好与主尺的9刻度线对齐。当量爪间所量物体的长度为0.1mm时，游标尺向右应移动0.1mm，这时它的第一条刻度线恰好与尺身的1mm刻度线对齐。同样当游标的第五条刻度线跟尺身的5mm刻度线对齐时，说明两量爪之间有 0.5mm 的宽度……依此类推。当测量大于 1mm 的长度时,整的毫米数要从游标"0"刻度线与尺身相对的刻度线读出。

(三) 使用方法

用软布将量爪擦干净,使其并拢,查看游标和主尺身的零刻度线是否对齐。如果对齐就可以进行测量;如没有对齐则要记取零误差,游标的零刻度线在尺身零刻度线右侧的叫正零误差,在尺身零刻度线左侧的叫负零误差(这种规定方法与对数轴的规定一致,原点向右为正,原点向左为负)。测量时,右手拿住尺身,大拇指移动游标,左手扶外测量爪,使待测物位于外测量爪之间,当与量爪紧紧相贴时,即可读数,用游标卡尺测内径尺寸如图 1-2 所示。

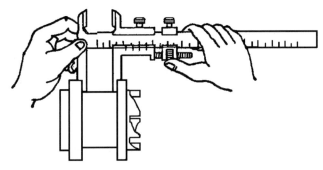

图 1-2　用游标卡尺测内径尺寸

当测量零件的外径尺寸时,卡尺两测量面的连线应垂直于被测量表面,不能出现歪斜。进行测量时,可以轻轻摇动卡尺放正其位置。图 1-3 所示为用游标卡尺测外径尺寸。

图 1-3　用游标卡尺测外径尺寸

(四) 测量精度

常用游标卡尺按其精度可分为 3 种,即 0.1mm、0.05mm 和 0.02mm。精度为 0.05mm 和 0.02mm 的游标卡尺,它们的工作原理和使用方法与精度为 0.1mm 的游标卡尺相同。精度为 0.05mm 的游标卡尺的游标上有 20 个等分刻度,总长为 19mm。测量时如游标上第 11 根刻度线与主尺对齐,则小数部分的读数为 11/20mm=0.55mm,如第 12 根刻度线与主尺对齐,则小数部分读数为 12/20mm=0.60mm。一般来说,游标上有 n 个等分刻度,它们的总长度与尺身上 $n-1$ 个等分刻度的总长度相等,若游标上最小刻度长为 x,主尺上最小刻度长为 y,则 $nx=(n-1)y$,$x=y-(y/n)$。主尺和游标的最小刻度之差为 $\Delta x=y-x=y/n$,y/n 则为游标卡尺的精度,它决定了读数结果的位数。由公式可以看出,提高游标卡尺的测量精度在于增加游标上的刻度数或减小主尺上的最小刻度值。一般情况下,当 y 为 1mm,n 取 10、20、50 时其对应的精度分别为 0.1mm、0.05mm、0.02mm。对于精度为 0.02mm 的机械式游标卡尺来说由于受到其本身结构精度和人的眼睛对两条刻线对准程度的限制,其精度很难再提高。表 1-1 介绍了三种分度游标卡尺相关数据的对比。

表 1-1　三种分度游标卡尺相关数据对照表

分度	游标长度/mm	游标尺等分刻度数	与主尺相差/mm	精确度/mm
10	9	10	0.1	0.1
20	19	20	0.05	0.05
50	49	50	0.02	0.02

（五）读数方法

在读数时,首先,以游标零刻度线为准在尺身上读取毫米整数,即以毫米为单位的整数部分;然后,看游标上第几条刻度线与尺身的刻度线对齐,如第 6 条刻度线与尺身刻度线对齐,则小数部分即为 0.6mm(若没有正好对齐的线,则取最接近对齐的线进行读数)。如有零误差,则一律用上述结果减去零误差(零误差为负,相当于加上相同大小的零误差),读数结果为:$L=$整数部分+小数部分-零误差。如何判断游标上哪条刻度线与尺身刻度线对准,可用下述方法:选定相邻的三条线,如左侧的线在尺身对应线之右,右侧的线在尺身对应线之左,中间那条线便可以认为是对准了。则 $L=$对准前刻度+游标上第 n 条刻度线与尺身的刻度线对齐×分度值。如果需测量多次则取其平均值,不需每次都减去零误差,只要对最后结果减去零误差即可。

如图 1-4 所示,以 0.02 游标卡尺的某一状态为例进行说明。

在主尺上读出与副尺零刻度线所对应的刻度,该值就是最后读数的整数部分。如图 1-4 所示,为 33mm。

副尺上一定有一条与主尺的刻线对齐,在副尺上读出该刻度线距副尺的零刻度线之间的刻度的格数为 12 格,乘以该游标卡尺的精度 0.02mm,就得到最后读数的小数部分。或者直接在副尺上读出该刻线的读数,如图 1-4 所示为 0.24mm。将所得到的整数和小数部分相加,就得到总尺寸为 33.24mm。

图 1-4　游标卡尺读数

游标卡尺是一种比较精密的量具,现已被广泛应用于工业测量领域,随着科学技术的发展以及行业的不断壮大,检测仪器数字化已成为未来的发展趋势,而且对工件测量效率的要求会越来越高。而当前工厂内部品质检查的方法往往是在测量一个数据后,由测量人员人工记录在纸张上,或者采用由一个人负责测量而另一个人进行记录的操作方式,当需要进行数据分析时,需由操作人员录入计算机中的 EXCEL 表格中。这种传统的测量方式最大的问题是效率低,数据容易记错。针对这种情况,推出了一种高效应用游标卡尺测量长度的方法(如图 1-5 所示),只需将数据采集仪连接到游标卡尺上,采集仪就会自动从游标卡尺中获取测量数据,进行记录并分析计算,然后形成相应图形,实现了对测量结果的自动判断等功能,这种方法真正实现了测量的数据化,不但可以有效减少人工测量所造成的误差,还可以大大提高测量效率。

数显卡尺带数据线带脚踏板
产品精度符合国家标准

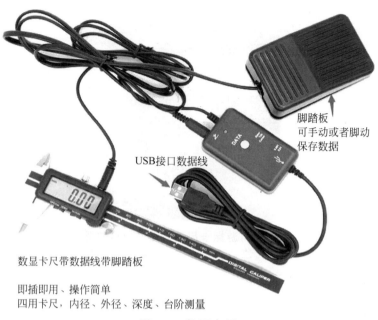

脚踏板
可手动或者脚动
保存数据

USB接口数据线

数显卡尺带数据线带脚踏板

即插即用、操作简单
四用卡尺，内径、外径、深度、台阶测量

图 1-5　数显卡尺

（六）保管方法

每次使用完游标卡尺后，需用棉纱将其擦拭干净，当长期不用时，应将其擦上黄油或机油，然后将两量爪合拢并拧紧螺钉，最后放入卡尺盒内盖好。

游标卡尺是一种比较精密的测量工具，要轻拿轻放，不得随意磕碰或跌落地下。尽量不要用游标卡尺来测量粗糙的物体，以免损坏量爪。还应尽量避免与刃具放在一起，以免刃具划伤游标卡尺的表面，平常应将游标卡尺置于干燥中性的环境，远离酸碱性物质，防止锈蚀。

测量前应把卡尺擦拭干净，检查卡尺的两个测量面和测量刃口是否平直无损，把两个量爪紧密贴合时，应无明显的间隙，同时游标和主尺的零位刻线要相互对准。这个过程称为校对游标卡尺的零位。

（七）注意事项

尺框移动时，活动要自如，不应过松或过紧，更不能有晃动现象。用固定螺钉固定尺框时，卡尺的读数不应有改变。在移动尺框时，不要忘记松开固定螺钉，也不宜过松以免掉落。

用游标卡尺测量零件时，不允许过分施加压力，所用压力大小应保证使两个量爪刚好接触零件表面。如果测量压力过大，不但会使量爪弯曲或磨损，而且量爪在压力作用下可能会变形，导致游标卡尺失去应有的精度（比如外尺寸小于实际尺寸，内尺寸大于实际尺寸等情况）。

读取游标卡尺数据时，应保证卡尺水平，人的视线和卡尺的刻线表面保持垂直，避免由于视线的歪斜造成读数误差。

为获得准确的测量结果，可进行多次测量，即在零件的同一截面的不同方向进行测量。对于较长的零件,则应当在零件的各个部位进行测量,务求获得一个比较准确的测量结果(如图 1-6 所示)。

图 1-6　利用游标卡尺测量无人机机臂外径

(八) 读数练习

(1) 游标卡尺的读数为_____。

(2) 游标卡尺的读数为_____。

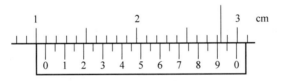

(3) 游标卡尺的读数为_____。

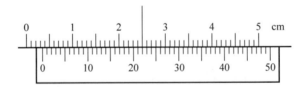

二、千分尺

(一) 工具介绍

千分尺(micrometer)又称螺旋测微器、螺旋测微仪、分厘卡,是比游标卡尺更精密的测量工具,测量精度达到 0.01mm,测量范围为几厘米。制造千分尺时,它的一部分被加工成螺距为 0.5mm 的螺纹,当它在固定套管 B 的螺套中转动时,将前进或后退,活动套管 C 和螺杆连成一体,其周边等分成 50 个分格。螺杆转动的整圈数由固定套管上间隔 0.5mm 的刻线去测量,不足一圈的部分由活动套管周边的刻线去测量,最终测量结果需要估读一位小数(如图 1-7 所示)。

第一个现代意义上的千分尺是由法国发明家 Jean Laurent Palmer 设计并于 1848 年获得专利的"带圆游标尺的螺纹卡尺",直到今天,我们仍然利用 Palmer 系统的专利设计制造外径千分尺。千分尺被引入机械制造开始于两个美国工程师 Joseph R. Brown 和 Lucian Sharpe,他们在 1867 年对巴黎国际博览会上展出的 Palmer 的发明产生了强烈的兴趣,对 Palmer 的设计加以改进并成功地进行了市场推广。瑞士 TESA 公司使外径千分尺成为该公司的第一个产品。我们所使用的千分尺遵循 Abbe 原则(阿贝原则),千分尺心轴通过现代化磨床加工,螺纹的轮廓精度很高,螺距偏差可忽略不计,加工条件保证了千分尺极高的测量准确度(如图 1-8 所示)。

图 1-7　千分尺 1　　　　　图 1-8　千分尺 2

(二)工具分类

千分尺以读数方式不同可分为机械式千分尺和电子千分尺两类。

1. 机械式千分尺

如标准外径千分尺,简称千分尺,是利用精密螺纹副原理测长的手携式通用长度测量工具。千分尺的品种很多,通过改变千分尺测量面形状和尺架等就可以制成不同用途的千分尺,如用于测量内径、螺纹中径、齿轮公法线(如图 1-9 所示)或深度(如图 1-10 所示)等的千分尺。

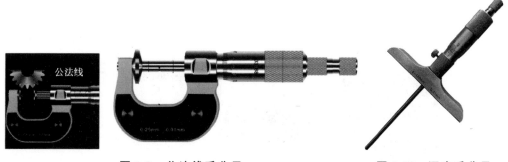

图 1-9　公法线千分尺　　　　图 1-10　深度千分尺

2. 尖头外径千分尺

尖头外径千分尺的结构特点是它有两测量面为 45°椎体形的尖头。它适用于测量小沟槽,如钻头、直立铣刀、偶数槽丝锥的沟槽直径及钟表齿轮、齿根直径尺寸等(如图 1-11 所示)。

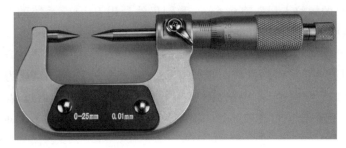

图 1-11 尖头外径千分尺

3. 壁厚千分尺

壁厚千分尺的特点是有球形测量面和平面测量面及特殊形状的尺架,适用于测量管材壁厚的一种外径千分尺(如图 1-12 所示)。

图 1-12 壁厚千分尺

4. 板厚千分尺

板厚千分尺是指具有球形测量面和平面测量面及特殊形状的尺架,适用于测量板材厚度的一种外径千分尺。

5. 带测微表头千分尺

带测微表头千分尺的结构特点是用测微头代替了普通外径千分尺的固定测砧。用它对同一尺寸的工件进行分选检查很方便,而且示值比较稳定。测量范围有 0~25mm、25~50mm、50~75mm 和 75~100mm 四种。它主要用于尺寸比较测量。它的缺点是误差较大。

6. 大平面侧头千分尺

大平面侧头千分尺测量面直径比较大(12.5mm),并可以更换,故测量面与被测工件间的压强较小。它适用于测量弹性材料或软金属制件,如金属箔片、橡胶和纸张等的厚度(如图 1-13 所示)。

图 1-13 大平面侧头千分尺

7．大尺寸千分尺

大尺寸千分尺的特点是可更换测砧或可调整测杠,这对减少千分尺数量以及扩大千分尺的使用范围有很大的帮助。

8．翻字式读数外径千分尺

翻字式读数外径千分尺在微分筒上开有小窗口,可显示 0.1mm 读数。

9．电子数字显示式外径千分尺

电子数字显示式外径千分尺是指利用电子测量、数字显示及螺旋副原理对尺架上两测量面间分隔的距离进行读数的外径千分尺。

10．薄片式千分尺

利用薄片式千分尺进行沟槽直径测量,每次能够减少 5% 的测量误差。

11．盘式千分尺

利用盘式千分尺可测正齿和斜齿齿轮的跨齿长度。

12．V 形测砧千分尺

V 形测砧千分尺可用于凹槽个数为奇数的丝锥、铰刀等的外径尺寸测量(如图 1-14 所示)。

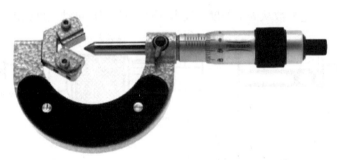

图 1-14　V 毡千分尺

13．花键千分尺

花键千分尺又名花式千分尺,可用于齿轮槽径的测量。

14．卡尺型内径千分尺

卡尺型内径千分尺用于小直径、窄槽宽度测量。

15．螺纹千分尺

螺纹千分尺可用于螺纹有效直径测量(如图 1-15 所示)。

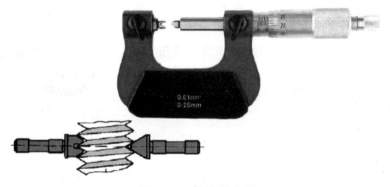

图 1-15　螺纹千分尺

（三）工作原理

螺旋测微器是依据螺旋放大的原理制成的,即螺杆在螺母中旋转一周,螺杆便沿着旋转轴线方向前进或后退一个螺距的距离。因此,沿轴线方向移动的微小距离,就能用圆周上的读数表示出来(如图1-16所示)。

该图读数8.561mm

图1-16　螺旋测微器读数

螺旋测微器的精密螺纹螺距是0.5mm,可动刻度有50个等分刻度,可动刻度旋转一周,测微螺杆可前进或后退0.5mm,因此旋转每个小分度,相当于测微螺杆前进或退后0.5/50＝0.01mm。可见,可动刻度每一小分度表示0.01mm,所以,螺旋测微器测量精度可达0.01mm。由于还能再估读一位,可读到毫米的千分位,故又名千分尺。

测量时,当测砧和测微螺杆并拢时,可动刻度的零点若恰好与固定刻度的零点重合,旋出测微螺杆,并使测砧和测微螺杆的面止好接触待测物体的两端。注意不可用力旋转,否则测量数据不准确。在马上接触到测量面时慢慢旋转左右面的棘轮转柄直至传出咔咔的响声,那么测微螺杆向右移动的距离就是所测的长度。这个距离的整毫米数从固定刻度上读出,小数部分则从可动刻度读出(如图1-17所示)。

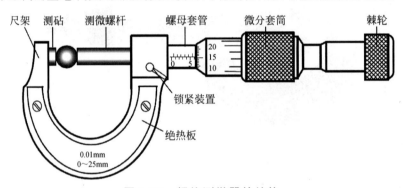

图1-17　螺旋测微器的结构

（四）操作方法

使用前应先检查零点,如图1-18所示,缓缓转动微调旋钮D,使测杆E和测砧A接触,然后使用棘轮调节直到棘轮发出声音为止,此时可动尺(活动套筒)上的零刻线应当和固定套筒上的基准线(长横线)对齐,否则会有零误差。

左手持尺架C,右手转动粗调旋钮D以使测杆E与测砧A间距稍大于被测物,放入被测物,转动保护旋钮D直到夹住被测物,然后使用棘轮调节,直到棘轮发出声音为止,拨动固定旋钮B使测杆固定后读数。

图1-18　螺旋测微器的读数

（五）读数方法

(1) 读固定刻度;

(2) 读半刻度,若半刻度线已露出,记作0.5mm;若半刻度线未露出,记作0.0mm;

(3) 读可动刻度(注意估读)。记作n×0.01mm;

（4）读数结果为固定刻度＋半刻度＋可动刻度＋估读。

（六）使用保养

（1）检查零位线是否准确；

（2）工件较大时应放在 V 形铁或平板上测量；

（3）测量前将测量杆和砧座擦干净；

（4）拧活动套筒时需用棘轮装置；

（5）不要拧松后盖，以免造成零位线改变；

（6）不要在固定套筒和活动套筒间加入普通机油；

（7）用后擦净上油，放入专用盒内，置于干燥处。

（七）注意事项

（1）测量时要注意，在测微螺杆靠近被测物体时应停止使用旋钮，改用微调旋钮，可避免产生过大压力，还可使测量结果精确，保护螺旋测微器。不同尺寸的螺旋测微器如图 1-19 所示。

（2）读数时，要注意固定刻度尺上表示半毫米的刻线是否已经露出。

（3）读数时，千分位有一位估读数字，不能忽略，即使固定刻度的零点正好与可动刻度的某一刻度线对齐，千分位上也应读取为 0。

（4）当小砧和测微螺杆并拢时，如可动刻度的零点与固定刻度的零点不相重合，将出现零误差，应加以修正，即在最后测长度的读数上去掉零误差的数值。

图 1-19　不同尺寸的螺旋测微器

（八）读数练习

（1）螺旋测微器的读数为_____。

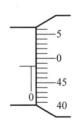

（2）螺旋测微器的读数为_____。

（3）螺旋测微器的读数为_____。

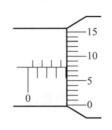

（4）螺旋测微器的读数为_____。

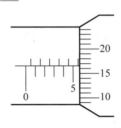

三、万用电表

（一）工具介绍

万用表又称复用表、多用表、三用表、繁用表等,是电力电子等部门不可缺少的测量仪表,一般以测量电压、电流和电阻为主要目的。万用表按显示方式分为指针万用表和数字万用表,是一种多功能、多量程的测量仪表,一般万用表可用于测量直流电流、直流电压、交流电流、交流电压、电阻和音频电平等,有的还可用于测量电容量、电感量及半导体的一些参数(如 β)等。

万用表是一种带有整流器的、可用于测量多种电学参量的磁电式仪表。对于每一种电学量,一般都有几个量程。万用表是由磁电式电流表表头、测量电路和选择开关等部分组成的。通过选择开关的变换,可方便地对多种电学参量进行测量。其电路计算的主要依据是闭合电路欧姆定律。万用表种类很多,使用时应根据不同的要求进行选择(如图 1-20 所示)。

图 1-20　万用电表

1. 基本功用

万用表不仅可以用来测量电阻、交流电压,还可以测量直流电压。甚至有的万用表还可以测量晶体管的主要参数以及电容器的电容量等。充分、熟练地掌握万用表的使用方法是电子技术的最基本技能之一。指针式万用表是以表头为核心部件的多功能测量仪表,测量值由表头指针指示读取;数字式万用表的测量值由液晶显示屏直接以数字的形式显示,读取方便,有些还带有语音播报功能。万用表是共用一个表头且集电压表、电流表和欧姆表于一体的仪表。

万用表的直流电流挡是多量程的直流电压表,表头并联闭路式分压电阻即可扩大其电压量程;万用表的直流电压挡是多量程的直流电压表,表头串联分压电阻即可扩大其电压量程。分压电阻不同,相应的量程也不同。万用表的表头为磁电系测量机构,它只能通过直流,利用二极管将交流变为直流,从而实现交流电的测量。

2．结构组成

万用表由表头、测量线路及转换开关等三个主要部分组成。

（1）表头

万用表表头分为指针式和数字式两种。

① 指针式。指针式表头是一种高灵敏度的磁电式直流电流表，万用表的主要性能指标基本上取决于表头的性能。表头的灵敏度是指表头指针满刻度偏转时流过表头的直流电流值（如图 1-21 所示），这个值越小，表头的灵敏度越高；测电压时的内阻越大，其性能就越好。表头上有四条刻度线，第一条（从上到下）标有 R 或 Ω 标识，指示的是电阻值，转换开关在欧姆挡时，即读此条刻度线；第二条标有 ⌣ 和 VA 标识，指示的是交、直流电压和直流电流值，当转换开关在交、直流电压或直流电流挡，量程在除交流 10V 以外的其他位置时，即读此条刻度线；第三条标有 10V 标识，指示的是 10V 的交流电压值，当转换开关在交、直流电压挡，量程在交流 10V 时，即读此条刻度线；第四条标有 dB 标识，指示的是音频电平。

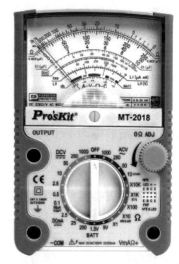

图 1-21　指针式万用电表

② 数字式。数字万用表的表头一般由一块 A/D（模拟/数字）转换芯片＋外围元件＋液晶显示器组成。

万用表的精度受表头的影响比较大，由于万用表的核心是 A/D 转换器，一般也称为 3 1/2 位数字万用表，4 1/2 位数字万用表等。最常用的芯片是 ICL7106（3 位半 LCD 手动量程经典芯片，后续版本为 7106A、7106B、7206、7240 等），ICL7129（4 位半 LCD 手动量程经典芯片），ICL7107（3 位半 LED 手动量程经典芯片）。

表头上还设有机械零位调整旋钮，用以校正指针在左端零位。

（2）测量线路

测量线路是用来把各种被测量项目转换到适合表头测量的微小直流电流的电路，它由电阻、半导体元件及电池组成。

它能将各种不同的被测量项目（如电流、电压、电阻等）、不同的量程，经过一系列的处理（如整流、分流、分压等）统一变成一定量限的微小直流电流送入表头进行测量。

（3）转换开关

万用表的转换开关是一个多挡位的旋转开关。其作用是用来选择各种不同的测量线路，以满足不同种类和不同量程的测量要求。转换开关一般是一个圆形拨盘，在其周围分别标有功能和量程。

一般的万用表测量项目包括 mA（直流电流）、"V（－）"（直流电压）、"V（～）"（交流电压）、Ω（电阻）。每个测量项目又划分为几个不同的量程以供选择。

另外，还有表笔和表笔插孔。表笔分为红、黑二只。使用时应将红色表笔插入标有"＋"号的插孔，黑色表笔插入标有"－"号的插孔。

3．工作原理

万用表工作的基本原理是利用一只灵敏的磁电式直流电流表（微安表）做表头，当微小电流通过表头时,就会有电流指示。但表头不能通过大电流,所以,必须在表头上并联和串联一些电阻以进行分流或降压,从而测出电路中的电流、电压和电阻。

4．设计原理

数字万用表的测量过程是由转换电路将被测量项目转换成直流电压信号,再由模/数(A/D)转换器将电压模拟量转换成数字量,然后通过电子计数器计数,最后把测量结果用数字直接显示在显示屏上的过程。

利用万用表测量电压、电流和电阻功能是通过转换电路部分实现的,而电流、电阻的测量都是基于电压的测量,也就是说数字万用表是在数字直流电压表的基础上扩展而成的。

数字直流电压表 A/D 转换器将随时间连续变化的模拟电压量变换成数字量,再由电子计数器对数字量进行计数得到测量结果,最后由译码显示电路将测量结果显示出来。逻辑控制电路控制电路的协调工作,在时钟的作用下按顺序完成整个测量过程。

(二) 数字万用表

数字万用表是目前最常用的一种数字仪表。其主要特点是准确度高、分辨率强、测试功能完善、测量速度快、显示直观、过滤能力强、省电,以及便于携带等。进入 20 世纪 90 年代,数字万用表在我国获得迅速普及与广泛使用,已成为现代电子测量与维修工作的必备仪表,并正在逐步取代传统的模拟式(即指针式)万用表。

数字万用表也称数字多用表(DMM),其种类繁多,型号各异。每个电子工作者都希望有一块较理想的数字万用表。选择数字万用表的原则很多,有时甚至会因人而异。但对于手持式(袖珍式)数字万用表而言,选择的指标有很多,包括显示清晰,准确度高,分辨力强,测试范围宽,测试功能齐全,抗干扰能力强,保护电路比较完善,外形美观、大方,操作简便、灵活、可靠性好,功耗较低,便于携带以及价格适中等。

1．数字万用表显示位数及显示特点

数字万用表的显示位数通常为 3 1/2 位～8 1/2 位。判定数字仪表的显示位数有两条原则:其一,能显示从 0～9 中所有数字的位数是整位数;其二,分数位的数值是以最大显示值中最高位数字为分子,用满量程时计数值为 2000,这表明该仪表有 3 个整数位,而分数位的分子是 1,分母是 2,故称之为 3 1/2 位,读作"三位半",其最高位只能显示 0 或 1(0 通常不显示)。3 2/3 位(读作"三又三分之二位")数字万用表的最高位只能显示 0～2 的数字,故最大显示值为 ±2999。在同样情况下,它要比 3 1/2 位的数字万用表的量限高 50%,尤其在测量 380V 的交流电压时颇具使用价值。

普及型数字万用表一般属于 3 1/2 位显示的手持式万用表,4 1/2 以及 5 1/2 位(6 位以下)数字万用表分为手持式、台式两种。6 1/2 位以上大多属于台式数字万用表。

数字万用表采用先进的数显技术,显示清晰直观、读数准确,它既能保证读数的客观性,又符合人们的读数习惯,能够缩短读数或记录时间,这些优点是传统的模拟式(即指针式)万用表所不具备的。

2．准确度(精度)

数字万用表的准确度是测量结果中系统误差与随机误差的综合。它表示测量值与真值的一致程度,也反映测量误差的大小。一般来讲准确度越高,测量误差就越小,反之亦然。

数字万用表的准确度远优于模拟指针万用表。万用表的准确度是一个很重要的指标,它反映了万用表的质量和工艺能力,准确度差的万用表很难表达真实的值,容易引起测量上的误判。

3．分辨力（分辨率）

数字万用表在最低电压量程上末位 1 个字所对应的电压值,称作分辨力,它反映出仪表灵敏度的高低。数字仪表的分辨力随显示位数的增加而提高。不同位数的数字万用表所能达到的最高分辨力指标不同。

数字万用表的分辨力指标也可用分辨率来表示。分辨率是指仪表能显示的最小数字(零除外)与最大数字的百分比。

需要指出的是,分辨率与准确度是两个不同的概念。前者表示仪表的"灵敏性",即对微小电压的"识别"能力;后者反映测量的"准确性",即测量结果与真值的一致程度。二者无必然的联系,因此不能混为一谈,更不得将分辨力(或分辨率)误以为是类似于准确度则取决于仪表内部 A/D 转换器、功能转换器的综合误差以及量化误差。从测量角度看,分辨力是"虚"指标(与测量误差无关),准确度才是"实"指标(它决定测量误差的大小)。因此,任意增加显示位数来提高仪表分辨力的方案是不可取的。

4．测量范围

在多功能数字万用表中,不同功能均有其对应的可以测量的最大值和最小值。

5．测量速率

数字万用表每秒钟对被测电量的测量次数叫测量速率,其单位是"次/秒",它主要取决于A/D 转换器的转换速率。有的手持式数字万用表用测量周期来表示测量的快慢。完成一次测量过程所需要的时间叫测量周期。

测量速率与准确度指标存在着矛盾,通常是准确度越高,测量速率越低,二者难以兼顾。要解决这一矛盾可在同一块万用表中设置不同的显示位数或设置测量速度转换开关,即增设快速测量挡,该挡用于测量速率较快的 A/D 转换器;或通过降低显示位数来大幅度提高测量速率,此法应用得比较普通,可满足不同用户对测量速率的需要。

6．输入阻抗

测量电压时,仪表应具有很高的输入阻抗,这样在测量过程中从被测电路中吸取的电流极少,不会影响被测电路或信号源的工作状态,能够减少测量误差。

测量电流时,仪表应该具有很低的输入阻抗,这样接入被测电路后,可尽量减小仪表对被测电路的影响,但是在使用万用表电流挡时,由于输入阻抗较小,所以较容易烧坏仪表,请用户在使用时注意。

（三）数字万用表的分类

数字万用表按照量程转换方式来分类,可划分成三种类型:手动量程(MAN RANGE),自动量程(AUTO RANGE),自动/手动量程(AUTO/MAN RANGE)。

根据功能、用途及价格的不同,数字万用表大致可分为 9 大类,即低档数字万用表(亦称普及型数字万用)、中档数字万用表、中/高档数字万用表、数字/模拟混合式仪表、数字/模拟图双显示的仪表、万用示波表(集数字万用表、数字存储示波器等功能于一身)。

（四）数字万用表的测试功能

数字万用表不仅可以测量直流电压(DCV)、交流电压(ACV)、直流电流(DCA)、交流电流(ACA)、电阻(Ω)、二极管正向压降(VF)、晶体管发射极电流放大系数(HRG),还能测量电容(C)、电导(ns)、温度(T)、频率(f),并增加了用以检查线路通断的蜂鸣器挡(BZ)、低功率法测电阻挡(LOΩ)。有的仪表还具有电感挡、信号挡、AC/DC 自动转换功能、电容挡自动转换量程功能等。

新型数字万用表大多增加了新颖实用的测试功能：读数保持（HOLD）、逻辑测试（LOGIC）、真有效值（TRMS）、相对值测量（REL△）、自动关机（AUTO OFF POWER）等。

（五）数字万用表的抗干扰能力

简单的数字万用表普遍采用积分式 A/D 转换原理，只要选择正向积分时间恰好等于串帧干扰信号周期的整倍数，就能有效地抑制串帧干扰。这是因为串帧干扰信号在正向积分阶段被平均的缘故。中、低档数字万用表的共帧抑制比（CMRR）可达 86～120dB。

（六）数字万用表的发展趋势

1．集成化

手持式数字万用表采用单片 A/D 转换器，外围电路比较简单，只需少量辅助芯片和元器件。随着单片数字万用表专用芯片的问世，使用一片芯片（Intergrated Circuit，IC）即可构成功能比较完善的自动量程数字万用表，为简化设计和降低成本创造了有利条件。

2．功耗低

新型数字万用表普遍采用 CMOS 大规模集成电路的 A/D 转换器，整机功耗很低。

（七）指针万用表与数字万用表的优缺点对比

（1）指针万用表是一种平均值式仪表，它具有直观、形象的读数指示（一般读数值与指针摆动角度密切相关，所以很直观）。

（2）数字万用表是瞬时取样式仪表。它采用 0.3s 取一次样来显示测量结果，有时每次取样结果只是十分相近，并不完全相同，读数不如指针式方便。指针式万用表一般内部没有放大器，所以内阻较小。

（3）数字式万用表由于内部采用了运放电路，内阻可以做得很大，往往在 1MΩ 或更大（即可以得到更高的灵敏度），这样对被测电路的影响就可以更小，测量精度较高。

（4）指针式万用表由于内阻较小，且多采用分立元件构成分流分压电路，所以频率特性是不均匀的（相对数字式来说），而数字式万用表的频率特性相对好一点。指针式万用表内部结构简单，所以成本较低，功能较少，维护简单，过流过压能力较强。

（5）数字式万用表内部采用了多种振荡、放大、分频保护等电路，所以功能较多。比如可以测量温度、频率（在一个较低的范围）、电容、电感，还可用作信号发生器等。

（6）由于数字式万用表内部结构多采用集成电路，所以过载能力较差，损坏后一般也不易修复。数字式万用表输出电压较低（通常不超过 1V）。对于一些电压特性特殊的元件的测试不便（如可控硅、发光二极管等）。指针式万用表输出电压较高，电流也大，可以方便地测试可控硅、发光二极管等。

一般来说，初学者尽量选用指针式万用表，而非初学者两种仪表都可使用。

（八）万用表选用原则

（1）指针表读取精度较差，但指针摆动的过程比较直观，其摆动速度和幅度能比较直观地反映出被测量值的大小（比如测量电视机数据总线在传送数据时的轻微抖动）；数字表读数直观，但数字变化的过程看起来很杂乱，不太方便观看。

（2）指针表内一般有两块电池，一块低电压的 1.5V，一块是高电压的 9V 或 15V，其黑表笔相对红表笔来说是正端。数字表则常用一块 6V 或 9V 的电池。在电阻挡,指针表的表笔输出电流相对数字表来说要大很多,用 R×1Ω 挡可以使扬声器发出响亮的"哒"声,用 R×10kΩ 挡甚至可以点亮发光二极管(LED)。

(3)在电压挡,指针表内阻相对数字表来说比较小,测量精度相对较差,某些高电压微电流的场合甚至无法测准,因为其内阻会对被测电路造成影响(比如在测电视机显像管的加速级电压时测量值会比实际值低很多);数字表电压挡的内阻很大,至少在兆欧级,对被测电路影响很小,但极高的输出阻抗使其易受感应电压的影响,在一些电磁干扰比较强的场合测出的数据可能是虚值。

总之,相对来说在大电流高电压的模拟电路测量中适合选用指针表,比如电视机、音响功放等;在低电压小电流的数字电路测量中适合选用数字表,比如 BP 机、手机等。但这不是绝对的,需要根据情况选用指针表或数字表。

(九)万用表操作规程

(1)使用前应熟悉万用表各项功能,根据被测量的对象正确选用挡位、量程及表笔插孔。

(2)在对被测数据大小不明时,应先将量程开关置于最大值,而后再向小量程挡切换,使仪表指针指示在满刻度的 1/2 以上处即可。

(3)测量电阻时,在选择了适当倍率挡后,将两表笔相碰使指针指在零位,如指针偏离零位,应调节调零旋钮,使指针归零,以保证测量结果的准确。如不能调零或数显表发出低电压报警,应及时检查。

(4)在测量某电路电阻时,必须切断被测电路的电源,不得带电测量。

(5)使用万用表进行测量时,要注意人身和仪表设备的安全,测试中不得用手触摸表笔的金属部分,不允许带电切换挡位开关,以确保测量准确,避免发生触电和烧毁仪表等事故(如图 1-22 所示)。

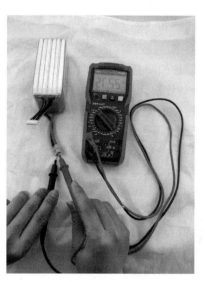

图 1-22 利用万用表测量无人机电池电压

(十)使用万用表注意事项

(1)在使用万用表之前,应先进行"机械调零",即在没有被测电量时,将万用表指针调节至零电压或零电流的位置上。

(2)在使用万用表的过程中,不能用手接触表笔的金属部分,这样做一方面可以保证测量的准确度,另一方面也可以保证人身安全。

(3)在测量某一电量时,不能在测量的同时换挡,尤其是在测量高电压或大电流时,更应注意操作规范。否则,会导致万用表损坏。如需换挡,应先断开表笔,换挡后再测量。

(4)万用表在使用时,必须水平放置,以免产生误差。同时,还要注意到外界磁场对万用表的影响。

(5)万用表使用完毕,应将转换开关置于交流电压的最大挡。如果长期不使用,还应将万用表内部的电池取出来,以免电池腐蚀表内其他器件。

（十一）万用表故障排除方法

数字万用表是一种多用途的电子测量仪器，一般包含安培计、电压表、欧姆计等功能。数字万用表与指针式万用表相比，具有精度高、速度快、输入阻抗大、数字显示、读数准确、抗干扰能力强以及测量自动化程度高等优点而被广泛应用。但若使用不当，则易造成故障。

数字万用表故障排除一般应先从电源入手，其故障排除大致可以按如下方法进行。

1．外观检查

可以用手触摸电池、电阻、晶体管、集成块，检查温度是否过高。如新装入的电池发热，说明电路可能发生短路。此外，还应观察电路是否存在断线、脱焊、机械损伤等情况。

2．波形分析

用电子示波器观察电路各关键点的电压波形、幅度、周期（频率）等。例如，测量时钟振荡器是否起振，若振荡器无输出，说明内部反相器损坏，也可能是外部元件开路。

3．测量元件参数

对故障范围内的元件，应进行在线测量或离线测量并分析参数值。当在线测量电阻时，应考虑与其并联的元件的影响。

4．隐性故障排除

隐性故障是指故障时隐时现，仪表时好时坏。此类故障比较复杂，常见的原因包括焊点虚焊、接插件松动、选择开关接触不良、元件性能不稳、引线将断不断等。此外，还包括一些外界因素所造成的故障。如环境温度过高、湿度过大或附近有间歇性的强干扰信号等等。

5．检测各级工作电压

检测各点工作电压，并与正常值比较，首先应保证其基准电压的准确度，最好是使用一块相同型号或相近似的数字万用表进行测量、比较。

排除以上可能原因外，数字万用表损坏还有可能是因为测量挡位的错误造成的，如在测量交流电时，测量挡位选择置于电阻挡，这种情况下表笔一旦接触市电，瞬间即可造成万用表内部元件损坏。因此，在使用万用表前一定要先检查测量挡位是否正确。使用完毕后，将测量选择挡位置于交流 750V 或者直流 1000V 处，这样在下次测量时无论误测什么参数，都不会引起数字万用表损坏。

（十二）课后习题

1．电压、电流读数练习

电压、电流读数练习（如图 1-23 所示）

图 1-23　电压、电流读数

电压、电流读数如表 1-2 所示。

表 1-2　电压、电流读数表示

序号	指针位置	转换开关位置	读数值	备注
1	50 过 2 小格	ACV500		
2	150 过 3 小格	DCV2.5		
3	200 过 3 小格	ACV250		
4	0 过 7 小格	DcmA500		
5	100 过 9 小格	DCV2.5		
6	100 过 3 小格	ACV1000		
7	0 过 6 小格	DCV0.5		
8	50 过 7 小格	AcmA100		
9	200 过 9 小格	ACV250		
10	150 过 1 小格	DCV25		

注意：测电流、电压时指针越靠近满刻度值，测量数值就越准确。

测量时请调整合适的挡位使指针位置指示在 1/2 与满刻度之间。确保测量的准确度。

2. 电阻读数练习

测量读数前进行欧姆调零，指针在标尺中间的数值叫欧姆中心值，此时测量的数值最准确，因此调整转换开关倍率，将指针调整到尽量靠近欧姆中心值（如图 1-24 所示）。

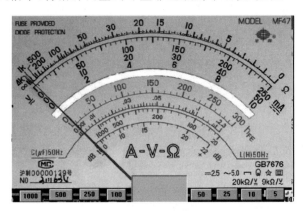

图 1-24　电阻读数

电阻倍率档有"×1""×10""×100""×1K""×10K"几个档位，如表 1-3 所示。

表 1-3　电阻读数表格

序号	指针位置	转换开关位置	读数值	备注
1	0 过 9 格	×1		
2	5 过 6 格	×1K		
3	15 过 3 格	×100		
4	30 过 7 格	×10		
5	50 过 8 格	×10K		

3. 判断题

（1）在使用万用表之前，应先进行"机械调零"，即在两表笔短接时，将万用表指针调整至零电压或零电流的位置上。

（2）在测量某一电量时，不能在测量的同时换档，尤其是在测量高电压或大电流时。

（3）万用表使用完毕，应将转换开关置于交流电压的最大挡或者 OFF 位置上。

（4）在用欧姆表测量电阻时，应选择适当的倍率，将指针调整至中值附近。最好是刻度在 1/2～2/3 处，这部分刻度比较准确。

（5）使用万用表电流挡测量电流时，应将万用表并联在被测子电路中，因为只有并联才能使流过电流表的电流与被测支路电流相同。

（6）使用指针式钳形表测量前要机械调零；使用数字式钳形表测量前要消磁，反复扳动钳口几次。

4．单项选择题

（1）万用表在使用时，必须_____，以免造成误差。同时，还要注意到外界磁场对万用表的影响

　　A. 水平放置　　　　　B. 垂直放置　　　　　C. 侧斜放置

（2）万用表使用完毕，应将转换开关置于_____的最大挡。

　　A. 交流电流　　　　　B. 交流电压　　　　　C. 随便都可以

（3）_____带电测量电阻，如果测量电容时，应该放电后再进行测量。

　　A. 不能　　　　　　　B. 能　　　　　　　　C. A 和 B

（4）选择合适的量程挡位，如果不能确定被测量的电流时，应该选择_____去测量。

　　A. 任意量程　　　　　B. 小量程　　　　　　C. 大量程

（5）选择合适的量程，先_____，后_____或看铭牌值估算。

　　A. 选大　选小　　　　B. 选小　选大　　　　C. 任意都可以

（6）被测线路的电流要_____钳形表的量程。

　　A. 低于　　　　　　　B. 高于　　　　　　　C. 大于

5．填空题

（1）在使用万用表测量中如需换挡，应先断开_____，换挡后再进行测量。

（2）使用万用表测量电容时，应该_____后再进行测量。

（3）使用钳形表测量完毕，要将转换开关置于_____量程处。

（4）兆欧表必须水平放置于_____的地方，以免在摇动时因抖动和倾斜产生测量误差。

（5）钳口要闭合紧密，不能_____换量程。

（6）摇动手柄的转速要均匀，一般规定为_____转/分钟，允许有±20％的变化。

四、功率计

（一）工具介绍

所谓功率计即指测量电功率的仪器，一般是指在直流和低频技术应用中用于测量功率的仪器，又可称为瓦特计。

（二）工作原理

如图 1-25 所示，功率计内部电路一般由模拟部分和数字部分组成。模拟部分主要由传感器、程控放大器、采样保持器和 A/D 等电路组成；数字部分则一般由微型计算机、数据存储器和显示器等部分组成。

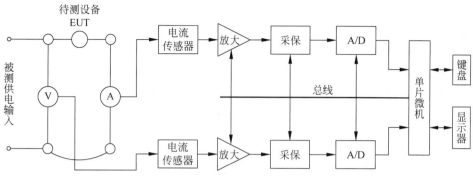

图 1-25　功率计工作原理

被测电压信号通过电压传感器降低为弱电压信号,根据信号大小,由微型计算机控制,进行程控放大,并通过采样保持器,由模拟/数字转换器(A/D)把电压转换成数字信号,并把数字信号传输至微型计算机,计算出电压真有效值(U_{RMS})并将结果输出到显示器显示。

电流信号通过电流传感器后,信号转换为弱电压信号,同被测电压一样,经过程控放大、采样保持、A/D 转换,在微型计算机里计算出电流真有效值(IRMS)并输出至显示器。

电压真有效值(U_{RMS})、电流真有效值(I_{RMS})、有功功率(P)、功率因数(PF)计算公式如下:

$$U_{RMS} = \sqrt{\frac{1}{N}\sum_{i=1}^{N}(U_i)^2} \quad I_{RMS} = \sqrt{\frac{1}{N}\sum_{i=1}^{N}(I_i)^2}$$

$$P = \frac{1}{N}\sum_{i=1}^{N}U_i \times I_i \qquad PF = \frac{P}{U_{RMS} \times I_{RMS}}$$

式中 N 为周期内采样的点数(周期取决于被测信号的频率),U_i 和 I_i 为某一采样时刻的数值(如图 1-26 所示)。

(三) 测量接线方法

测量接线如图 1-27 所示,下面一红一黑两个接线柱连接电源正负极(被测负载所需的供电电源,比如被测负载是节能灯,该灯要求 220V 供电,则应接220V 电压),上面一红一黑两个接线柱连接被测负载。

图 1-26　功率计

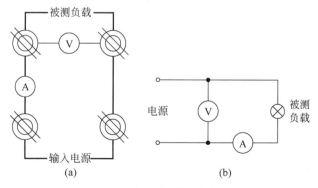

(a)　　　　　　(b)

图 1-27　功率计测量接线方法

如图 1-27(a)所示,负载电流沿粗线流过,在接线中应根据被测负载的工作电流,选用足够粗的导线,以免导线电阻过大,产生附加测量误差,并可能导致导线发热,发生危险。导线应尽量短,并且尽可能远离仪器外壳。

在接线时,应保持导线和接线柱接触良好,两者接触面尽量大,并应拧紧接线柱。切勿使导线脱离接线柱或接触到仪器后面板,以免发生危险。

在被测电压或电流有高频成分,或者测量大电流时,接线时应避免可能会产生的相互干扰和噪音的情况,以免影响测量精度。

五、钳形电流表

钳形电流表一般由电流互感器和电流表组合而成。电流互感器的铁芯在捏紧扳手时可以张开,被测电流所通过的导线不必切断就可穿过铁芯张开的缺口,当放开扳手后铁芯闭合(如图 1-28 所示)。

(一)钳形电流表工作原理

在使用钳形电流表时穿过铁心的被测电路导线就成为电流互感器的一次线圈,其中通过电流便在二次线圈中感应出电流,从而与二次线圈相连接的电流表产生指示,测出被测线路的电流。钳形表可以通过转换开关的拨挡,改换不同的量程。但拨挡时不允许带电进行操作。钳形表一般准确度不高,通常为 2.5~5 级。为了使用方便,表内还有不同量程的转换开关供测量不同等级电流以及电压使用。

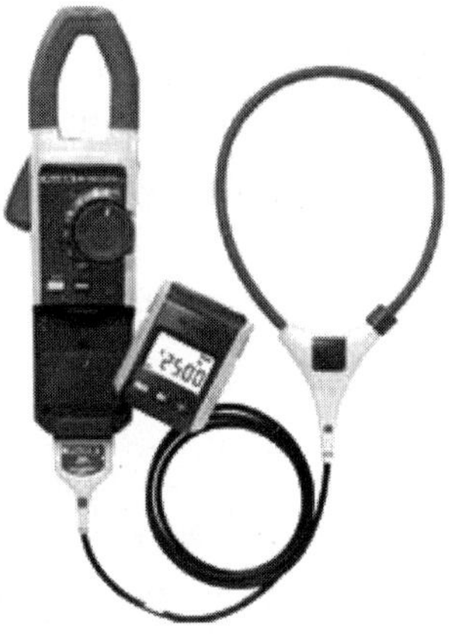

(二)钳形电流表使用方法

图 1-28　钳形电流表

用钳形电流表检测电流时,一定要夹入一根被测导线(电线),如夹入两根导线(平行线)则不能检测电流。另外,使用钳形电流表中心(铁心)检测时,检测误差小。在检查家电产品的耗电量时,使用线路分离器会比较方便,有的线路分离器可将检测电流放大 10 倍,因此 1A 以下的电流可放大后再检测。当用直流钳形电流表检测直流电流(DCA)时,如果电流的流向相反,则显示出负数,可使用该功能检测汽车的蓄电池是处于充电状态还是放电状态。

1. 真有效值检测

使用平均值方式的钳形电流表通过交流检测,检测正弦波的平均值,并将放大 1.11 倍(正弦波交流)之后的值作为有效值显示出来。波形率不同的正弦波以外的波形和歪波也同样被放大 1.11 倍后显示出来,所以会产生指示误差。因此检测正弦波以外的波形和歪波时,应选用可直接测量出真有效值的钳形电流表。

2. 漏电检测

漏电检测与通常的电流检测不同,检测时应将两根(单相 2 线式)或三根(单相 3 线式,三相 3 线式)导线全部夹住。也可夹住接地线进行检测。在低压电路上检测漏电电流的绝缘管理方法,已成为首要的判断手段。在不能停电的楼宇和工厂已逐渐采用漏电电流钳形表来检测。

（三）钳形电流表使用注意事项

（1）进行电流测量时,被测负载的位置应放在钳口中央,以免产生误差。

（2）测量前应估计被测电流的大小,选择合适的量程,在不知道电流大小时,应选择最大量程,再根据指针适当减小量程,但不能在测量时转换量程。

（3）为了保证读数准确,应保持钳口干净无损,如有污垢时,应用汽油擦洗干净再进行测量。

（4）在测量 5A 以下的电流时,为了测量准确,应该绕圈测量。

（5）钳形表不能测量裸导线电流,以防触电和短路。

（6）测量完毕一定要将量程分挡旋钮放到最大量程位置上。

六、激光转速表

（一）工具介绍

激光转速表是一种主要用于测量转速、频率、周期的最大、最小、最终值及周期数或事件计数等多种参数的仪器,激光转速表是一种无须接触测量的仪器,由于激光具有较好的平行性,亮度也超过普通的背景光,当激光照射在定向反射材料上时就会获得返回光束,激光转速表的接收系统接收到反射光线后会产生一个脉冲信号,以此来记录一次旋转(如图 1-29 万用表所示)。

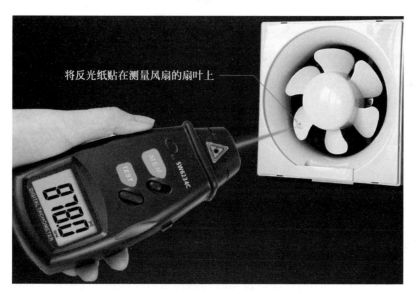

将反光纸贴在测量风扇的扇叶上

图 1-29　万用表

（二）激光转速表工作原理

使用激光转速表时,以激光器作为光源,激光束照射至高灵敏度探测器,在光路中由于旋转造成周期性遮挡,这时光电探测器输出的高低电平对应于旋转的速度,针对得到的高低电平时序信号配备高精度时频基准,可以解调出旋转运动的角速度信息,通过软件予以显示并存储相关数据。

转速的测量有很多方法,传统的方法有机械式、磁电式、光电式和其他间接方法,这些方法各有侧重点,适用于不同的应用要求。但是,在某些应用中,例如在辐射、高空、强噪声、水下、高低温、强振、超高速、污染、科学实验和其他复杂特殊的应用环境中,传统方法很受限,而激光以其高亮度和长距离传输特性在转速测量中有潜在的应用价值。

(三)激光转速表使用方法

(1)停止正在旋转的待测物。

(2)裁剪一段反光纸(约 10mm×10mm)并将其贴在待测物体上。

(3)将转速计固定于一个稳定位置,使转速计的激光发射与接收窗口距离被测量物体在50~200mm。

(4)按 ON/OFF 键开启转速计,默认进入测量转速功能,将激光对准被测物体上的反光纸,并且与反光纸的垂直夹角不大于 30°。

(5)启动待测物,仪表即显示正在测量的转速(如图 1-30 所示)。

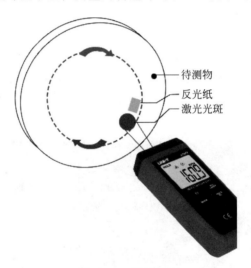

图 1-30 转速表

第二节 结构紧固工具

一、标准紧固件

标准紧固件共分十二大类,选用时按紧固件的使用场合和其使用功能进行确定。

(一)螺栓

螺栓在机械制造中广泛应用于可拆连接,一般与螺母(通常再加上一个或两个垫圈)配套使用(如图 1-31 所示)。

1. 一般用途螺栓

螺栓品种很多,有六角头和方头之分。六角头螺栓应用最普通,按制造精度和产品质量分为 A、B、C 三个等级,以 A 和 B 级应用最多,并且主要用于重要的、装配精度高以及受较大冲

图 1-31　螺栓

击、振动或变载荷的地方。六角头螺栓按其头部支承面积大小及安装位置尺寸,可分为六角头与大六角头两种,对于头部或螺杆带孔的品种供需要锁紧时采用。方头螺栓的方头有较大的尺寸和受力表面,便于扳手口卡住或靠住其他零件以起到止转作用,常用在比较粗糙的结构上,有时也用于 T 形槽中,便于松动在槽中的螺栓以调整位置。

2. **铰制孔用螺栓**

使用时将螺栓紧密镶入铰制孔内,以防止工件错位。

3. **止转螺栓**

有方颈、带榫之分。

4. **特殊用途螺栓**

包括 T 形槽用螺栓、活节螺栓和地脚螺栓。T 形槽用螺栓多用于需经常拆卸的结构;地脚螺栓用于水泥基础中固定机架或电机底座。

5. **钢结构用高强度螺栓连接**

一般用于建筑、桥梁、塔架、管道支架及起重机械等钢结构的摩擦型连接场合。

(二) 螺母

螺母外形如图 1-32 所示。

图 1-32　螺母

1. **一般用途螺母**

螺母品种很多,有六角螺母,方螺母等。用六角螺母配合六角螺栓的情况在应用中最普遍,按制造精度和产品质量分为 A、B、C 三个等级。六角薄螺母在防松装置中用作副螺母,起锁紧作用,或用于螺纹连接副主要承受剪切力的地方,六角厚螺母多用于经常拆卸的连接中。将方螺母与方头螺栓配套使用,用扳手卡住不易打滑,多用于粗糙、简单的结构。

2．开槽螺母

主要指六角开槽螺母，即在六角螺母上方加工出槽。它与螺杆带孔螺栓和开口销配合使用，防止螺栓与螺母出现相对转动的情况。

3．锁紧螺母

指具有锁紧功能的螺母，有尼龙嵌件六角锁紧螺母和全金属六角锁紧螺母。六角尼龙圈锁紧螺母具有非常可靠的防松能力，在使用温度介于−60℃～+100℃区间和一定的介质条件下，具有不损坏螺栓及被连接件和可以频繁装卸等优点。

4．特殊用途螺母

如蝶形螺母、盖形螺母、滚花螺母和嵌装螺母等。蝶形螺母一般不用工具即可拆装，通常用于需经常拆开和受力不大的地方；盖形螺母用在端部螺扣需要罩盖的地方。

（三）螺钉

螺钉通常是单独（有时加垫圈）使用，一般起紧固或紧定作用，使用时应将其拧入机体的内螺纹（如图 1-33 所示）。

图 1-33　螺钉

1．机器螺钉

机器螺钉因头型和槽形不同而分成许多品种。头型有圆柱头、盘头、沉头和半沉头几种，头部槽形一般为开槽（一字槽）、十字槽和内六角槽三种。十字槽螺钉施拧时对中性好，头部强度比一字槽螺钉大，不易拧秃。内六角螺钉、内六角花形螺钉可施加较大的拧紧力矩，连接强度大，头部能埋入机体内，用于要求结构紧凑、外形平滑的连接处。

2．紧定螺钉

紧定螺钉一般作固定零件相对位置用，头部分为一字槽、内六角和方头等类型。方头可施加较大的拧紧力矩，顶紧力大，不易拧秃，但头部尺寸较大，不便于埋入零件内，不安全，特别是运动部位不宜使用。而带一字槽或内六角型的则便于沉入零件。紧定螺钉末端根据使用要求的不同，一般最常用的分为锥端、平端、圆柱端三种。锥端适用于硬度小的零件，使用无尖的锥端螺钉时，在零件的顶紧面上要打坑眼，使锥面压在坑眼边上。末端为平端的螺钉，接触面积大，顶紧后不伤零件表面，用于顶紧硬度较大的平面或经常调节位置的场合。末端为圆柱端的螺钉不损伤零件表面，多用于固定装在管轴（薄壁件）上的零件，将圆柱端顶入轴上的孔眼中，靠圆端的抗剪切作用，可传递较大的载荷。

3．内六角螺钉

内六角螺钉适用于安装空间较小或螺钉头部需要埋入的场合。

4．特殊用途的螺钉

还有一些特殊用途的螺钉如定位螺钉、不脱出螺钉和吊环螺钉等。

（四）螺柱

如图 1-34 所示,螺柱多用于连接被连接件的厚度大且结构紧凑或因拆卸频繁而不宜采用螺栓连接的地方。螺柱两端一般都带有螺纹(单头螺柱为单端带螺纹),通常将一头螺纹牢固拧入部件机体中,另一端与螺母相配,起连接和紧固的作用,但在很大程度上还具有定距的作用。双头螺柱一般分为不等长和等长螺柱两种。

图 1-34　螺柱

（1）不等长双头螺柱:适用于一端拧入部件机体起连接或紧固作用的场合。

（2）等长双头螺柱:适用于两端与螺母相配起连接或定距作用。

（五）木螺钉

如图 1-35 所示,木螺钉适用于木材,起连接或紧固作用。

图 1-35　木螺钉

木螺钉的头型和槽形又有许多种类。头型有圆头、沉头、半沉头等几种,头部槽形为开槽(一字槽)和十字槽两种。

（六）自攻螺钉

如图 1-36 所示,与自攻螺钉相配的工作螺孔不需预先攻丝,在拧入自攻螺钉的同时,使内螺纹成型。

（1）普通自攻螺钉:螺纹符合 GB/T 5280 标准,螺距大,适合在薄钢板或铜、铝、塑料上使用。

（2）自攻锁紧螺钉:螺纹符合普通米制粗牙螺纹,适合在需耐振动场合使用。

（七）垫圈

常用垫圈如图 1-37 所示,可分为防松垫圈和锁紧垫圈两种。

图 1-36 自攻螺钉

图 1-37 垫圈

1. 防松垫圈

如图 1-38 所示,垫圈放在螺栓、螺钉和螺母等的支承面与工件支承面之间使用,起防松和减小支承面应力的作用。

图 1-38 锁紧垫圈

2. 锁紧垫圈

(1) 平垫圈:用以克服工件支承面不平和增大支承面应力面积。

(2) 弹簧(弹性)垫圈:弹簧垫圈靠弹性及斜口摩擦防止紧固件的松动,广泛用于经常拆卸的连接。内齿弹性垫圈、外齿弹性垫圈圆周上具有很多锐利的弹性翘齿,刺压在支承面上,能阻止紧固件的松动。内齿弹性垫圈用于头部尺寸较小的螺钉头下;而外齿弹性垫圈多用于螺栓头和螺母下。带齿的弹性垫圈比普通弹簧垫圈体积小,紧固件受力均匀,防止松动也可靠,但不宜用于常拆卸处。

(3) 止退垫圈:有内齿锁紧垫圈、外齿锁紧垫圈、单耳止动垫圈、双耳止动垫圈和圆螺母用止动垫圈等类型。单耳和双耳止动垫圈允许螺母拧紧在任意位置加以锁定,但紧固件需靠边缘处为宜。

（4）斜垫圈：为了适应工作支承面的斜度，可使用斜垫圈。方斜垫圈用来将槽钢、工字钢翼缘之类倾斜面垫平，使螺母支承面垂直于钉杆，避免螺母拧紧时使螺杆受弯曲力。

（八）挡圈

如图 1-39 所示，挡圈主要用来将零件在轴上或孔中定位、锁紧或止退。

图 1-39　挡圈

常用挡圈有弹性挡圈、钢丝挡圈、轴类件用锁紧挡圈和轴端挡圈等，如图 1-40 所示。

图 1-40　常用挡圈

（1）弹性挡圈：轴用和孔用弹性挡圈卡在轴槽或孔槽中供滚动轴承装入后止退用，另外还有轴用开口挡圈，主要用来卡在轴槽中作零件定位用，但不能承受轴向力。

（2）钢丝挡圈：有孔用（轴用）钢丝挡圈及钢丝锁圈。钢丝挡圈装在轴槽或孔槽中供零件定位用时亦可承受一定的轴向力。

（3）轴类件用锁紧挡圈：有用锥销锁紧的挡圈和用螺钉锁紧的挡圈，主要用于防止轴上零件的轴向移动。

（4）轴端挡圈：有用螺钉紧固的轴端挡圈和用螺栓紧固的轴端挡圈，主要用来锁紧固定在轴端的零件。

如图 1-41 所示，还有一种长簧挡圈。通常情况下，无人机电机后轴处都会有一枚卡簧用于固定电机底座，当需要更换线圈、磁钢或电机轴时，就会发现使用一般工具不能对卡簧直接进行拆卸，所以此时就会用到"卡簧钳"。

（九）销

如图 1-42 所示，销通常用于定位，也可用于连接或锁定零件，还可作为安全装置中的过载剪断元件。

图 1-41　无刷电机当中的长簧挡圈

图 1-42　销

（1）圆柱销：圆柱销多用于轴上固定零件、传递动力或定位元件。圆柱销有不同直径公差，可供不同配合要求使用。圆柱销一般靠过盈固定在孔中，因此不宜频繁拆卸。

（2）圆锥销：圆锥销具有 1:50 的锥度，便于安装对眼，也可保证自锁，一般用作定位元件和连接元件，多用于要求经常拆卸的地方。内螺纹圆锥销和螺尾锥销，用于不穿通的孔或者用于很难打出销钉的孔中。开尾圆锥销打入孔中后末端可张开，防止销钉本身从孔内滑出。

圆柱销和各种圆锥销的销孔，一般都需经过铰孔加工，多次装拆后会影响定位的精度和连接的紧固，只能传递不大的载荷。弹性圆柱销本身具有弹性，装在孔中保持有张力，不易松脱，拆卸方便，且不影响配合性质，销孔不需铰制。带孔销和销轴都用于铰连接处。

（3）开口销：开口销是连接机件的防松装置，使用时将其穿入螺母、带销孔的螺栓或其他连接件的销孔中，然后把脚分开。

如图 1-43 所示，销（电机轴）在无人机电机中是必不可少的一个部件。

图 1-43　销

（十）铆钉

如图 1-44 所示，铆钉一端有头部，且杆部无螺纹。使用时将杆部插入被连接件的孔内，然后将杆的端部铆紧，起连接或紧固作用。

在一些植保无人机和行业无人机中，铆钉经常会用于机身与机臂、机臂与电机座的连接

（1）热锻成型铆钉：一般规格较大，多用于机车、船舶及锅炉等，通常需通过热锻使头部

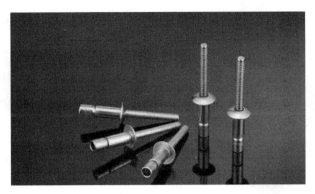

图1-44　铆钉

成型。

（2）冷镦成型铆钉：一般直径规格16mm，通常通过冷镦使头部成型。

（3）空心和半空心铆钉：空心铆钉用于受剪力不大处，常用来连接塑料、皮革、木料、帆布等非金属零件。

如图1-45所示，铆钉在日常所能接触到的植保无人机、行业无人机中应用比较普遍。

图1-45　无人机上的铆钉

（十一）连接副

如图1-46所示，连接副即螺钉、螺栓和自攻螺钉和垫圈的组合，垫圈装于螺钉后，必须能在螺钉（或螺栓）上自由转动而不脱落。主要起紧固或紧定作用。

（十二）焊钉

焊钉属于一种高强度刚度连接的紧固件，是电弧螺柱焊用圆柱头焊钉的简称，焊钉的规格为公称直径$\phi 10 \sim \phi 25$mm，焊接前总长度$40 \sim 300$mm。焊钉具有头部顶面用凸字制出制造者的识别标志，其用途十分广泛。

由钉杆和钉头（或无钉头）构成的异类紧固件，用焊接方法把它固定连接在一个零件（或构件）上面，以便再与其他零件进行连接（如图1-47所示）。

图 1-46　连接副

图 1-47　焊钉

二、螺丝胶

螺丝胶又称螺丝固定剂或厌氧胶,主要用于电器、电子、航空机器、汽车工业等领域。凡是有螺丝的地方都会看到它。一般是在锁好螺丝后将它点在螺丝母上,让它慢慢固化。使用螺丝胶,一方面让螺丝在作业中不会脱落,另一方面有防锈作用。将来如要修理时,只要再增加30%的力量即可卸下。也可将胶先涂在螺丝上,然后再锁上去,这样效果会更好,只是操作上较为麻烦。一般做法是将产品做好后才将胶固定到每一个螺丝上,让它自然固化。正常点胶后约 10 分钟,表面即不沾手,完全固化需要 6~8 小时。

(一)螺丝胶物理特性

(1)防止螺丝钉的松动以及防止螺栓、拉丝、螺帽等的松动。

(2)螺丝钉的防锈涂料可防止螺丝钉部分的腐蚀及防锈。

(3)可耐振动冲击,使用时不需要特别的技术和工具,操作简单。

(4)呈液体状可适用于所有形状的螺丝,不会因为设计上的变更而发生不能使用的情形。

(5)可减少因松动所产生的部品、机器不良的损失。

(6)液体的浸透性良好,能浸透至螺丝钉的底部,可以完全防止松动及螺丝钉底的渗漏。

(7)有很强的防松动效果。

(8)不会对塑料、油漆表面等材质产生侵蚀,可安心使用。

(二)螺丝胶使用方法

(1)先将螺丝钉底部的水分、油脂及其他污垢清除。

(2)进行涂抹,因为其有良好的浸透性,所以在已经锁好的螺丝钉的头部涂抹也是可以的。

(3)等待固定,在未固定之前(大约 2 小时)涂抹的部分请不要触摸。

如果想取出,只需比锁定时增加 15%~30% 的力气就可简单地取出。

如图 1-48 所示,在无人机常规组装中,可以先将螺丝胶点在一张白纸上,然后用螺丝去蘸,有螺丝 2~3 个丝的胶量即可。

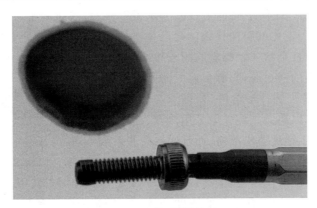

图 1-48 使用螺丝胶

（三）拆卸方法

涂好螺丝胶的产品有时在维修时要拆卸，不同的螺丝点上不同的螺丝胶，其拆卸方法也不同。

（1）对于小螺丝（M2～M12）可选用低强度的螺丝胶，尤其适用需要经常拆卸维修的产品，拆卸时只需用比较大的扭力就可以破坏胶层，之后用酒精清洗干净残胶，又可以二次涂胶。

（2）对于中号螺丝（M12～M20）可以用中强度或高强度的螺丝胶；对于中强度螺丝胶，用扭力破坏胶层就可以拆卸；高强度的螺丝胶不容易拆卸，需要用加温的方法拆卸。

（3）对于大号螺丝（M20 以上）一般需用高强度的螺丝胶，当然拆卸起来也比较困难，可用电吹风把螺丝加温，一边加温一边用扭力慢慢地拆开。也可以用溶剂来泡，但是时间长，而且效率不高。

当然，选对螺丝胶才是关键，以后是否要经常维修、是否要高强度、是否是永久锁死，这些在选胶时都要考虑。

（四）使用螺丝胶注意事项

（1）使用时慎防溅入眼睛和皮肤上，若不慎接触应立即用清水冲洗并及时到医院处理。

（2）使用时应注意通风。

（3）存放在儿童不易接触的地方。

（4）贮存于阴凉干燥处（10℃～22℃）。

（五）应用领域及作用

螺丝胶的应用非常广泛，如飞机、船舶、车辆制造等各种工业领域。也可应用于电视机、洗衣机、录放机、摩托车、照相机、摄影机等各种家电用品。

其作用主要有如下几点。

（1）用于锁紧防松。金属螺钉受冲击震动后很容易产生松动或脱机，传统的机械锁固方法都不够理想，而化学锁固方法廉价有效。如果将螺钉涂上螺丝胶后进行装配，固化后在螺纹间隙中形成强韧塑性胶膜，从而使螺钉锁紧不会松动。现在已经有预涂型（B-204）厌氧胶，预先涂在螺钉上，放置待用（有效期四年），使用时只要将螺钉拧入旋紧，即可达到预期的防松效果。

（2）用于密封防漏。任何平面都不可能完全紧密接触,需防漏密封,传统方法是用橡胶、石棉、金属等垫片,但因老化或腐蚀很快就会产生泄漏。而以螺丝胶代替固体垫片,固化后可实现紧密接触,使密封性更耐久。螺丝胶用于螺纹管接头和螺纹插塞的密封、法兰盘配合面的密封、机械箱体结合面的密封等,都有良好的防漏效果。

（3）用于固持定位。圆柱形组件,如轴承与轴、皮带轮与轴、齿轮与轴、轴承与座孔、衬套与孔等孔轴组合配件,以前无一例外地采用热套、冷压等尺寸过盈方法装配,再辅以键和销子等。这种固定方法加工精度要求严格,而且因热膨胀系数不同,出现磨损和腐蚀后很容易产生松动。使用螺丝胶可填满配合间隙,固化后牢固耐久、稳定可靠。以厌氧胶固持的方法可以使加工精度要求降低、装配操作简便、生产效率提高、节省能耗和加工费用。

（4）用于填充堵漏。对于有微孔的铸件、压铸件、粉末冶金件和焊接件等,可将低黏度的厌氧胶(B-290)涂在有缺陷处,使胶液渗入微孔内,在室温隔绝氧气的情况下就能完成固化,充满孔内而起到密封效果。如果采用真空浸渗则成功率更高。

（六）相关问题

（1）螺丝胶的使用方法是什么?

使用时不需要特别的技术和工具,谁都可以操作,也可配合点胶机操作。

（2）螺丝胶该怎么保存,可以存放多久?

置于阴凉处,避免阳光直射,可保存 12 个月。

（3）粘完后,如果发现有误可以拆除吗?

增加 30% 力量反转,即可拆除。

（4）全固定螺丝胶和半固定螺丝胶的差异?

全固定螺丝胶又称嫌气性螺丝固定剂,一般应用在螺牙内,缺氧后固定不能拆除;半固定螺丝胶一般都应用在螺丝锁上,点在螺丝外观处做固定用,方便日后拆除。

（5）现在大都要求符合欧盟环保标准,螺丝胶符合环保标准吗?

一般正规工厂生产的螺丝胶都符合 RoHS 规范。

（七）螺丝胶主要技术参数及其特性

螺丝胶主要技术参数见表 1-4,其特性见表 1-5。

表 1-4　主要技术参数

标号	0222	0242	0243	0262	0271	0272	0277	0290
最大填充间隙	0.13	0.13	0.13	0.13	0.13	0.25	0.25	0.10
黏度	1300	1400	2300	1900	400～600	4500	7000	20～50
平均拆装力矩	4	4.8	7	30	38	26	32	28
工作温度	−55～150℃	−55～150℃	−55～150℃	−55～150℃	−55～150℃	−55～150℃	−55～150℃	−55～150℃
室温固化速度	20分/24小时	20分/24小时	20分/24小时	15分/24小时	20分/24小时	60分/24小时	20分/24小时	3分/24小时

表 1-5　螺丝胶特性

螺丝胶标号	螺丝胶特性
0222	低强度,易拆卸,触变性黏度。 适用 m≤6 螺纹锁紧密封。 典型用途:十字头、一字头及小规格螺钉锁固与密封。
0242	中强度,通用型,触变性黏度,可拆卸。 用于 m6～m36 螺纹锁固与密封及加强键销的固持。 典型用途:螺钉、螺母锁固
0243	中强度,容油性好,可在轻微油质表面使用。 可用于惰性表面,快速固化,用于 m≤20 螺纹的锁固与密封。 典型用途:需经常拆卸的油箱底壳螺丝等。
0262	高强度,适用于大多数金属表面,触变性黏度,耐化学性好。 用于 m≤20 螺纹锁固与密封。 典型用途:发动机的螺纹锁固与密封,可承受强烈振动。
0271	超高强度,中黏度。 用于 m≤36 螺纹紧固件永久锁固与密封。 典型用途:汽缸头双头螺栓拧入端锁固。
0272	高强度,耐高温(230℃),高黏度。 用于高温工况下螺纹锁固与密封。 典型用途:适用于高温工况下的汽缸头双头螺栓锁固。
0277	高强度,高黏度,耐化学性优良,适用于活性金属表面。 用于 m≤56 螺纹锁固与密封及法兰密封,取代垫片。 典型用途:适用于大规格螺纹锁固与密封。
0290	中等强度,低黏度,高渗透性,快速固化,适用于惰性表面。 用于已装配好 m2～m12 螺纹锁固与密封。 可用于密封焊缝,铸件砂眼等(φ0.10 以下)微孔、砂眼,可用刷子涂胶。加强压力装配的强度与密封。

注意:像一些出勤率高或抖动比较大的无人机,即使预先点过螺丝胶,螺丝也时常出现松动甚至脱落的现象,不仅增加了无人机整体结构的不稳定性,而且可能导致不必要的安全事故。为防止此类事情发生,可以在拧紧螺丝后再在螺丝外点一些修正液标定位置。

三、螺丝刀

螺丝刀是一种用来拧转螺丝钉以迫使其就位的工具,通常有一个薄楔形头,可插入螺丝钉头的槽缝或凹口内。京津冀鲁晋豫和陕西方言称之为"改锥",安徽和湖北等地称之为"起子",中西部地区称之为"改刀",长三角地区称之为"旋凿"。螺丝刀主要有一字(负号)和十字(正号)两种,常见的还有六角螺丝刀,包括内六角和外六角两种。见表 1-6 展示了几种螺丝的型号。

表 1-6　螺丝的型号

内六角扳手型号	内六角螺丝	沉头螺丝	半圆头螺丝	紧定螺丝	定位螺丝

续表

内六角扳手型号	内六角螺丝	沉头螺丝	半圆头螺丝	紧定螺丝	定位螺丝
扳手规格：1.5mm	M1.6；M2	—	—	M3	—
扳手规格：2mm	M2.5	M3	M3	M4	—
扳手规格：2.5mm	M3	M4	M4	M5	—
扳手规格：3mm	M4	M5	M5	M6	M5
扳手规格：4mm	M5	M6	M6	M8	M6
扳手规格：5mm	M6	M8	M8	M10	M10
扳手规格：5.5mm		—	—	—	
扳手规格：6mm	M8	M10	M10	M12；M14	M10

在无人机装配、维修中，内六角螺丝便于紧固、拆卸。内六角螺丝规格众多，其中1.5～2.5mm规格螺丝刀用得最频繁。

(一) 螺丝刀分类

(1) 普通螺丝刀：即将头和柄制作在一起的螺丝刀，便于使用。但由于螺丝种类很多，处理不同的长度和粗度的螺丝需要准备多支不同的螺丝刀。

(2) 组合型螺丝刀：即螺丝刀头和柄分体的螺丝刀，安装不同类型的螺丝时，只需更换适用的螺丝刀头，不需要准备大量的螺丝刀，优点是可以节省空间，缺点是容易遗失螺丝刀头。

(3) 电动螺丝刀：顾名思义就是以电动马达代替人力去安装和移除螺丝的螺丝刀，通常是组合螺丝刀。

(4) 钟表起子：属于精密起子，因常用于修理手表，故称之为钟表起子。

(5) 小金刚螺丝起子：头、柄及身长尺寸比一般常用螺丝起子小，非钟表起子。

螺丝刀从其结构形状来说，通常有以下几种。

(1) 直形：最常见的一种，头部型号有一字、十字、米字、T形(梅花形)、H形(六角)等。

(2) L形：多见于六角螺丝刀，利用其较长的杆来增大力矩，因此更省力。

(3) T形：汽修行业应用较多。

(二) 使用方法

在使用螺丝刀时，当开始拧松或最后拧紧时，应用力将螺丝刀压紧后再用手腕发力扭转螺丝刀；当螺栓松动后，即可用手心轻压螺丝刀柄，用拇指、中指和食指快速转动螺丝刀。

选用的螺丝刀口端应与螺栓或螺钉上的槽口相吻合，如口端太薄易折断，太厚则不能完全嵌入槽内，易使刀口或螺栓槽口损坏。

(1) 大螺丝刀的使用：大螺丝刀一般用来紧固或旋松大的螺钉。使用时，用大拇指、食指和中指夹住握柄，手掌顶住握柄的末端，以适当力度旋紧或旋松螺钉，刀口要放入螺钉的头槽内，不能打滑，如图1-49(a)所示。

(2) 小螺丝刀的使用：小螺丝刀一般用紧固或拆卸电气装置接线桩上的小螺钉，使用时可用大拇指和中指夹住握柄，用食指顶住柄的末端捻旋，不能打滑，以免顺伤螺钉头槽，如图1-49(b)所示。

（3）长螺丝刀的使用：用右手压紧并转动手柄，左手握住螺丝刀的中间，不得放在螺丝刀的周围，以防刀头滑脱将手划伤，如图 1-49（c）所示。

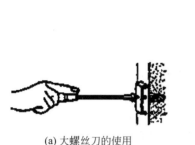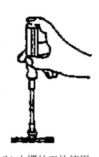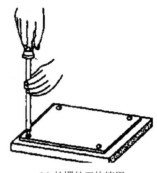

(a) 大螺丝刀的使用　　(b) 小螺丝刀的使用　　(c) 长螺丝刀的使用

图 1-49　螺丝刀的使用图

（三）使用螺丝刀注意事项

（1）使用时，不可用螺丝刀当撬棒或凿子使用。

（2）在使用前应先擦净螺丝刀柄和口端的油污，以免工作时因滑脱发生意外，使用后同样要擦拭干净。

（3）使用时应注意选择与螺钉顶槽相同且大小规格相对应的螺丝刀。

（4）为防止螺丝刀金属杆触及皮肤或临近带电体，应在金属杆上套装绝缘管。

（5）电工必须使用带绝缘手柄的螺丝刀。

另外，使用螺丝刀紧固或拆卸带电的螺钉时，手不得触及螺丝刀的金属杆，以免发生触电事故。

（四）球头内六角螺丝刀

球头内六角螺丝刀如图 1-50 所示，利用平头内六角扳手可以拧深孔螺母，受力面积较大，可以加力使用，扭力大，如图 1-51（a）所示。平头的内六角螺丝刀只有在扳手与内六角螺丝在一条直线时才能正常使用。但是在实际情况中，由于空间等条件的限制，往往会出现扳手无法与内六角螺丝保持一条直线的情况，此时球头内六角螺丝刀就派上用场了。使用球头内六角螺丝刀时能够以倾斜的角度来拧螺丝，夹角范围在 25°以内。球头内六角螺丝刀可多角度使用，很容易进入内六角螺母，扭力相对小一些，如图 1-51（b）所示。

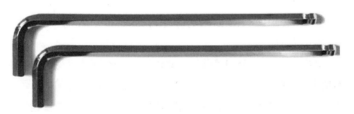

图 1-50　球头内六角螺丝刀

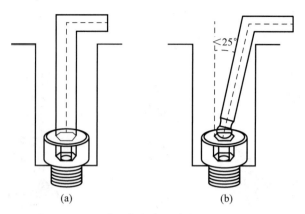

图 1-51　平头、球头内六角螺丝刀的使用

四、电动螺丝刀

电动螺丝刀,别名电批、电动起子,是用于拧紧和旋松螺钉用的电动工具。该电动工具可以调节和限制扭矩,主要用于装配线,是大部分生产企业必备的工具之一。

(一) 工作原理

电动螺丝刀作为机械部件,正常工作离不开电批电源,电批电源为电动螺丝刀提供能量及相关控制功能,带动马达的转动。由于电动螺丝刀马达的参数不一样,在电批电源输出同等功率的情况下,转速会不一样。

(二) 维护保养

(1) 严禁摔打电动螺丝刀(谨防碰撞或掉落,否则会产生马达噪音及出现起子晃动现象)。

(2) 当要拔下电动螺丝刀与配套控制器的连接插头时,应以插头基部为发力点,不应用力拉扯电线,以免损坏接触插头。

(3) 当电动螺丝刀工作时出现大幅度的晃动时必须停止使用,以免更深度地损坏电动螺丝刀,并及时进行维修。

(4) 电动螺丝刀出现异常问题应及时修理,一般异常现象包括:起子不转动,起子转速不稳,起子头容易脱落或有晃动现象,起子不会自停等。

(5) 当电动螺丝刀力矩过小,不能满足使用要求时,应停止使用,并及时更换大力矩的电动螺丝刀。

(6) 在按下开始键后,电动螺丝刀如因力矩过小不能正常转动,应在 10 秒之内停止工作,以免损坏电动螺丝刀内的马达。

(7) 根据使用频率应每 1～3 个月更换一次碳刷,当碳刷少于 1/3 时就建议更换了,记住更换时要全部换,不应只换一个。

(8) 转子里的碳粉,也是根据使用频率随时清理。如果碳粉过多,转子很容易发生短路。可以使用砂纸清理转子上的碳粉。

(9) 在离合器里添加机油可以有效保护齿轮和转动轴,降低磨损并提高使用寿命。

（三）注意事项

（1）在插上电源之前，应保证开关处于关闭状态，注意电源电压是否与该机相匹配，不使用电动螺丝刀或停电时应将电源插头拔掉。

（2）使用时不要把扭力调整设定过大。

（3）在更换起子头时，一定要切断电源，且让螺丝刀处于关闭状态。

（4）使用过程中轻拿轻放，避免磕碰，以免损坏电动螺丝刀。

五、螺丝取出器

（一）工具介绍

螺丝取出器供取出断裂在机器设备里的六角头螺栓、双头螺柱、内六角螺钉等之用。取出器螺纹为左螺旋。使用时，需先选一适当规格的麻花钻，在螺栓的断面中心位置钻一小孔，如图1-52(a)所示；再将取出器插入小孔中，如图1-52(b)所示；然后用丝锥扳手或活扳手夹住取出器的方头，用力逆时针转动，有的需要与电钻配合使用，如图1-52(c)所示，即可将断裂在机器设备里的螺栓取出。

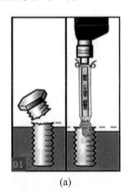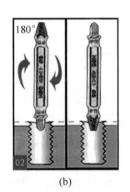

(a)　　　　(b)　　　　(c)

图1-52　断头螺丝取出过程

（二）注意事项

（1）有的取出器不能单独使用，需要配合电钻使用。

（2）如果断头螺丝锈死、变形或者操作不当也会导致取出失败，需要借助其他工具把断头撬出来。

六、铆钉枪

铆钉枪主要用于制造工业中各类金属板材、管材等的紧固铆接，目前广泛使用在汽车、航空、铁道、制冷、电梯、开关、仪器、家具、装饰等机电或轻工产品的铆接上。为解决金属薄板、薄管焊接螺母易熔以及攻内螺纹易滑牙等缺点而开发，它具有铆接不需要攻内螺纹，不需要焊接螺母的拉铆产品，铆接牢固效率高，使用方便快捷等优点。

（一）工具分类

铆钉枪按铆钉的不同可以分为：抽芯铆钉枪、铆螺母枪、环槽铆钉枪。

按动力的不同可分为：气动铆钉枪、电动铆钉枪、手动铆钉枪、液压铆钉枪。

（二）工作方法

（1）将铆钉放入锁好孔的构件，将钉芯插入拉铆枪的枪头内，枪头要紧顶铆钉的端面。

（2）进行拉铆操作，直至铆钉相反面膨胀，钉芯拉断为止。

（3）拉铆完毕。

七、钳子

（一）工具介绍

钳子，是一种用于夹持、固定加工工件或者扭转、弯曲、剪断金属丝线的手工工具。钳子的外形呈 V 形，通常包括手柄、钳腮和钳嘴三个部分。

钳子一般用碳素结构钢制造，先锻压轧制成钳胚形状，然后经过磨铣、抛光等金属切削加工工艺，最后进行热处理制成。

1. 钳子的样式及分类

钳的手柄依据握持方式分为直柄、弯柄和弓柄 3 种。钳的使用过程中常与电线之类的带电导体接触，故其手柄上一般都套有聚氯乙烯等绝缘材料制成的护管，以确保操作者的安全。

钳嘴的样式很多，常见的有尖嘴、平嘴、扁嘴、圆嘴、弯嘴等，可适用于不同形状工件的作业。按其主要功能和使用性质，钳子可分为夹持式钳子、钢丝钳、剥线钳、管子钳等。钳子按性能可分为：夹扭型；剪切型；夹扭剪切型。按种类类型可分为：液压钳；压接钳；液压导线钳；剥线钳；充电式液压电缆钳。按形状可分为尖嘴、扁嘴、圆嘴、弯嘴、斜嘴、针嘴、顶切、钢丝钳、花鳃钳等。按用途可分为工业级钳、专用钳等。按结构形式分为穿鳃和叠鳃两种。通常规格有 4.5in（迷你钳）、5in、6in、7in、8in、9.5in 等。

2. 钳子的结构及工作原理

钳子的种类很多，用途广泛，是工业中装配、修理和安装等工作中不可缺少的一种夹捏和剪切工件用的工具。但它有一个共同的基本结构，就是任何手用钳子均由钳头、销子和钳柄三个部分组成。钳子的基本原理是利用两根杠杆，在中部的一个点上，用销子交叉连接在一起，使两端能够相对活动，只要用手操作尾端，就可用另一端夹捏物件。为了使用者操作时更加省力，根据力学上的杠杆原理，通常都需要使钳柄长于钳头，这样可以用较小的力获得较强的夹持力，以达到使用要求。

钳子由三个部分组成，包括手柄、连接轴和钳头。手柄用于握持，根据人体工程学原理设计的钳柄，便于更加安全和舒适的握持；连接轴是钳子的连接轴点，连接点必须活动平稳，没有任何的松动，便于单手轻松地打开或者闭合钳子；钳头带夹持钳嘴或者剪切刀口，钳头刀口都经过精磨形成合适的形状，两个剪切边（带弹簧）必须非常锋利，而且彼此可以精确地闭合，易于剪切铁丝。

钳子的特殊结构可将较小的外力（如施加在钳臂上的手力）转化成较大的功力，从而能够有效地夹持或者剪切。当施加在钳臂上的外力随着杠杆率而增加时，钳嘴的作用力产生一个夹持移动的外力。要想产生一个较大的外力,从钳子铆接位置的中心到手柄的距离必须尽可能长,而从夹持口或剪切口到铆接中心的距离必须尽可能短。不过许多钳子只是使困难的操作作业变得相对容易,例如,在电子设备的装配和电子类及精密工程类的应用中等。

钳子通常是用合金的和非合金的结构钢锻造的。一般是用 0.45% 碳含量的优质碳素结构钢制造。高品质的和用于重型作业的钳子则是用高碳含量和(或)合金元素如铬或者钒制造的。

目前,随着手工业、商业和工业化的不断发展,通用钳类已经扩展到 100 种,包括剪切钳、钢丝钳和水泵钳等,其中,剪切钳可用于切断或者修剪(比如侧边剪切钳,前端剪切钳,修剪钳等);钢丝钳可用于剪切和夹持(如钢丝钳,鹤嘴钳,电子钳等)。

钳子的铰接结构主要分为如下 3 种。

(1) 对接式铰接:例如木工钳。在钳子顶部相互对接安装,不需要进行铣削加工和铆接。

(2) 单剪式铰接:例如钢丝钳。对接合部进行铣削加工,铣削一半厚度,使两片钳子相互插入安装。

(3) 套管式铰接:一个手柄开有沟槽,让另一个手柄从该沟槽穿过,并在接合部铰接。因为套管式铰接的钳子(除了水泵钳)使用的材料是较硬的合金钢,制造难度较大,所以制造成本较高。

(二) 常用钳类

1. 钢丝钳

钢丝钳是一种夹钳和剪切工具、其外形如图 1-53 所示。

钢丝钳由钳头和钳柄组成,钳头包括钳口、齿口、刀口和铡口。钳子各部位的作用是:①齿口用来紧固或拧松螺母;②刀口用来剖切软电线的橡皮或塑料绝缘层,也可用来剪切电线、铁丝;③铡口用来切断电线、钢丝等较硬的金属线;④钳子的绝缘塑料管耐压 500V 以上,可以带电剪切电线。为防止钳子绝缘塑料管的破损,切忌乱扔。电工常用的钢丝钳有150mm、175mm、200mm 及 250mm 等多种规格。

2. 尖嘴钳

如图 1-54 所示,尖嘴钳又叫修口钳,由尖头、刀口和钳柄组成,主要用来剪切线径较细的单股线与多股线,以及给单股线接头弯圈、剥塑料绝缘层等,它也是电工(尤其是内线电工)常用的工具之一。电工用尖嘴钳的钳柄上套有额定电压 500V 的绝缘套管。由于尖嘴钳头部较尖,故适用于狭小空间的操作。尖嘴钳常用于弯导线接头的操作,其方法是先将线头向左折,然后紧靠螺杆依顺时针方向向右弯即成。

图 1-53　钢丝钳

图 1-54　尖嘴钳

3. 管钳

如图 1-55 所示,管钳一般用于紧固或拆卸各种管子、管路附件或圆形零件。管钳是管路安装和修理的常用工具。其嵌体可锻铸制造外,另有铝合金制造,其特点是重量轻、使用轻便、不易生锈。

图 1-55　管钳

4. 斜口钳

如图 1-56 所示,斜口钳有时也叫偏口钳。在剪切导线尤其是剪掉焊接点上网绕导线多余的线头和印制电路板安放插件后过长的引线时,选用偏口钳的效果最好。偏口钳还常用来代替一般剪刀剪切绝缘套管、尼龙扎线卡等。

5. 水口钳

如图 1-57 所示,水口是指注塑工艺产生的那个料口,水口钳的设计就是为了剪切这个水口。从用途来看,斜口钳(斜嘴钳)一般用于剪切一些比较硬的材料,而水口钳主要用于剪切一些软线和塑料。两者刃口剪切能力有很大的区别,从剪切面、刃口来看,水口钳刃口比较薄、比较锋利,适用于剪细铜线和塑料橡胶等材料,剪断铜线后的切口是平的,剪塑料齐整,而斜口钳(斜嘴钳)刃口比较厚,适合剪粗一点的铜线和铁线,剪断铜线后的切口是斜的。用斜口钳(斜嘴钳)剪出来的铁丝差不多类似">＜"的形状;而用水口钳剪出来的形状则类似"|"。

图 1-56　斜口钳

图 1-57　水口钳

6. 卡簧钳

卡簧钳是一种用来安装内簧环和外簧环的专用工具,外形上属于尖嘴钳一类。钳头可采用内直、外直、内弯、外弯等几种形式,如图 1-58 所示,不仅可用于安装簧环,也能用于拆卸簧环。卡簧钳分为外卡簧钳和内卡簧钳两大类,分别用来拆装轴外用卡簧和孔内用卡簧。其中外卡簧钳又叫作轴用卡簧钳,如图 1-58(b)所示,内卡簧钳又叫作穴用卡簧钳(如图 1-58(a)所示)。

注意:内卡簧钳和外卡簧钳在使用上有一定的区别,对于内卡簧钳来说,手柄打开钳口张开,用力时钳柄闭合,钳头也闭合;而对于外卡簧钳,手柄打开钳口闭合,用力时钳柄闭合,钳头则张开。

穴用弯头卡簧钳

穴用直头卡簧钳

轴用弯头卡簧钳

轴用直头卡簧钳

(a)

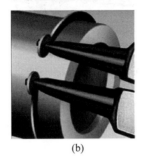
(b)

图 1-58　卡簧钳

（三）工具特点

钳子一般有钢丝钳、尖嘴钳和斜口钳等，用于夹持或弯折薄片形、圆柱形金属零件及切断金属丝，其旁刃口也可以用于切断细金属丝。从材质、制造工艺和技术指标来说，钳子一般具有如下特点。

（1）材质：钳子采用优质的铬钼钢。

（2）锻造：采用模锻的热锻成型技术。

（3）热处理：采用计算机控制的热处理技术，从而确保硬度的稳定性。

（4）表面处理：表面抛光处理。

（5）刃口：剪切刃口是经过特殊的热处理工艺，得以在长久的剪切工作时保持稳定性。

（6）硬度：符合 HRC40～48 标准。

（7）剪切刀：满足 DIN 的标准。

（四）注意事项

（1）使用钳子时用右手操作。将钳口朝内侧，便于控制钳切部位，用小指伸在两钳柄中间来抵住钳柄，张开钳头，这样分开钳柄灵活。钳子的握法有平握法和立握法两种，平握法如图 1-59（a）所示，立握法如图 1-59（b）所示。

（2）钳子的刀口可用来剖切软电线的橡皮或塑料绝缘层。

（3）钳子的刀口也可用来切剪电线、铁丝。剪 8 号镀锌铁丝时，应用刀刃绕表面来回割几下，然后只需轻轻一扳，铁丝即断。

（4）铡口也可以用来切断电线、钢丝等较硬的金属线。

（5）钳子的绝缘塑料管耐压 500V 以上，有了它可以带电剪切电线。使用中切忌乱扔，以免损坏绝缘塑料管。

（6）切勿把钳子当锤子使用。

（7）不可用钳子剪切双股带电电线，会引起短路。

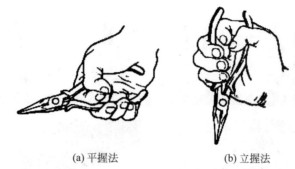

(a) 平握法　　　　　　(b) 立握法

图 1-59　偏口钳的使用

（8）用钳子缠绕抱箍固定拉线时，钳子齿口夹住铁丝，以顺时针方向缠绕。

（9）钳子主要用来剪切线径较细的单股与多股线以及给单股导线接头弯圈、剥塑料绝缘层等。

第三节　电子工艺工具

一、焊锡

焊锡是在线路焊接过程中连接电子元器件的重要工业原材料，是一种熔点较低的焊料，主要指用锡基合金做的焊料。焊锡的制作方法是先用熔融法制锭，然后压力加工成材。

焊锡广泛应用于电子工业、家电制造业、汽车制造业、维修业和日常生活中。

（一）基本介绍

在电子行业的生产与维修工作中焊锡材料是必不可少的，常用的焊锡材料有锡铅合金焊锡、加锑焊锡、加镉焊锡、加银焊锡、加铜焊锡。

标准焊接作业时使用的线状焊锡被称为松香芯焊锡线或焊锡丝，在焊锡中加入了助焊剂，这种助焊剂由松香和少量的活性剂组成。

在焊接作业时温度的设定非常重要。焊接作业最适合的温度一般为焊料的熔点＋50℃。由于焊接面积的大小、电烙铁的功率和性能、焊锡的种类和线型各有不同，烙铁头的设定温度要在上述温度的基础上增加 100℃为宜。

主要的焊锡产品分为焊锡丝、焊锡条、焊锡膏三大类，应用在各类电子焊接上，适用于手工焊接、波峰焊接、回流焊接等工艺。

（二）产品分类

（1）有铅焊锡

由锡（熔点 232℃）和铅（熔点 327℃）组成的合金。其中由锡 63％和铅 37％（如图 1-60 所示）。组成的焊锡被称为共晶焊锡，这种焊锡的熔点是 183℃。

（2）无铅焊锡

无铅焊锡是为适应欧盟环保要求提出的 ROHS 标准而生产。焊锡由锡铜合金做成。

图 1-60　有铅焊锡

（三）使用分类

（1）锡线

在进行标准焊接作业时使用的线状焊锡被称为松香芯焊锡线或焊锡丝。焊锡线中加入了助焊剂，这种助焊剂是由松香和少量的活性剂组成的。

（2）锡条

焊锡经过熔解—模具—成品制作工艺形成长方体形状即为锡条，重约 1kg。

（3）锡膏

锡膏也称焊锡膏，是由超细（$20\sim75\mu m$）球形焊锡合金粉末、助焊剂及其他添加物混合形成的膏状体系。

注意：不要用工业锡条、锡块焊接电子电路，因为配比不对，杂质也多，会影响焊点质量，增加安全隐患。

（四）如何鉴定焊锡丝的质量

（1）看

目视检查，好的锡丝应光滑，有光泽，无氧化发黑现象。

一般情况下，细一些的、颜色发亮的焊锡丝质量较好，太粗的焊锡丝含铅量较高，并且相对不易融化。

（2）摸

好的焊锡丝发白发亮，用手擦拭不容易污染手指，而含铅量高的锡丝则发黑，用手擦拭容易污染手指。因为锡丝的硬度不高且延展性好，所以锡丝越柔软表示纯度越高。

（3）焊

在焊接工作之前应该正确调整烙铁的温度，温度太高或太低都不能正常搪锡，根据其成分和量的不同其熔点也不同，要调节好适宜的温度才能保证焊接的质量。

电烙铁搪不上锡跟焊锡丝质量是没有太大关系的，主要是烙铁头太脏，或者烙铁头质量不好造成的，可以用锉挫一下烙铁头的接触面或换一个质量好的紫铜烙铁头。

在焊接过程中，可根据焊锡的烟雾大小来判断其质量，烟雾少代表纯度高。

焊接过之后可以根据焊点的光泽度来判断。如果焊点比较白，说明焊锡丝含铅量比较大，焊锡丝质量较差。

还可以根据锡渣残留的多少来判断，锡渣多的表示锡丝纯度不高，含铅多或含其他金属元素过多。

如果从专业技术角度来判断，需采用专业的 J-STD-004\006 标准，焊锡丝的质量还要根据绝缘阻抗、扩展率、润湿性能等指标来判断。而无铅焊锡丝要根据其是否符合 ROHS 标准助焊剂残留、无卤素、上锡速度来判断。

总之，在挑选焊锡丝时要选择信誉度比较好的正规生产焊锡厂家供货。一些无良的经销商经常以低度焊锡丝充当高度的焊锡丝，所以价格较便宜。在购买焊锡丝时切记不可贪图小便宜。

二、助焊剂

助焊剂是统称，松香、焊锡膏都属于助焊剂（如图 1-61 所示），最关键的用途是增加焊接时焊料与被焊物体的浸润效果(浸润不佳的话,焊锡不能很好地附着在被焊物体上,出现圆圆的球状,很容易导致虚焊),其他还包括去除氧化、辅助热传导、降低金属表面张力、使焊点美观等用途。助焊剂可分为无机助焊剂、有机助焊剂、松香 3 种。无机助焊剂一般是某些酸或者盐,比如正磷酸 H_3PO_4;有机助焊剂主要是某些有机酸或者有机卤素。相对来说,无机助焊剂活性最强,其去除氧化膜效果最好,但腐蚀性也强,很容易伤及金属及焊点,一般不能在电子产品焊接中使用。焊锡膏就是用机油乳化后的无机焊剂,焊接后可用溶剂清洗,不过电路板的有些部位是很难清洗的,所以一般不推荐使用焊锡膏。有机助焊剂活性仅次于无机助焊剂,也有一定的腐蚀性,且残渣不易清洗,挥发物对人体有害。松香的主要成分是松香酸和海松酸,一般呈中性,液态松香有一定的活性,呈现较弱的酸性,能与金属表面氧化物发生反应,生成松香酸铜等化合物,并悬浮在焊锡表面,且使用的时候无腐蚀,绝缘性强。一般来说,松香是常用的也是较好的助焊剂。

图 1-61 松香

三、热缩管

(一)热缩管介绍

热缩套管是一种特制的聚烯烃材质热收缩套管,一般是 EVA 材质的。外层采用优质柔软的交联聚烯烃材料及内层热熔胶复合加工而成的,外层材料有绝缘防蚀、耐磨等特点,内层有低熔点、防水密封和高黏接性等优点(如图 1-62 所示)。

(二)热缩管物理特性

热缩管具有高温收缩、柔软阻燃、绝缘防蚀功能,广泛应用于各种线束、焊点、电感的绝缘保护,金属管、棒的防锈、防蚀等方面。

热缩管耐压等级有 300V、600V、1kV、10kV、35kV 等,随应用领域不同而选择不同的耐压等级。

热缩管所用材料在室温下是玻璃态,加热后变成高弹态。玻璃态时性能接近塑料,高弹态时性能接近橡胶。

在生产时把热缩管加热到高弹态,施加载荷使其扩张,在保持扩张的情况下快速冷却,使其进入玻璃态,这种状态就固定了。在使用时一加热,它就会变回高弹态,但这时载荷没有了,

图 1-62 热缩管

它就要回缩。一般收缩比例为 2：1；收缩温度为 84℃～120℃；工作温度为−55℃～125℃；防火等级为 VW-1。

（三）热缩管分类

（1）PVC 热缩套管

PVC 热缩套管具有遇热收缩的特殊性质，加热至 98℃ 以上即可收缩，使用方便。产品按耐温情况可分为 85℃ 和 105℃ 两大系列，规格为 φ2～φ200，产品符合欧盟 RoHS 环保标准。用于电解电容器、电感，产品耐高温性能好、无二次收缩；用于各种充电电池的单体、组合包装；用于各种窗帘杆、浴帘杆、挂杆、拖把杆、扫帚柄、工具杆、伸缩杆、园林工具、撑杆等管状物品的外包覆；并可用于低压室内母线铜排、接头、线束的标识、绝缘外包覆，效率高、设备投资少、综合成本低；用于灯饰、LED 引脚的包覆及包装瓶口的包裹，是新一代包装材料，既可民用也可军用。

（2）PET 热缩管

PET 热缩管（聚酯热缩管）从耐热性、电绝缘性能、机械性能上都大大超过 PVC 热缩套管，更重要的是 PET 热收缩套管具有无毒性、易于回收等特点，对人体和环境不会产生毒害影响，更符合环保要求。

PET 热缩管的环保性能高于欧盟 RoHS 标准，可达到 Sony SS-00259 环保标准。不含镉（Cd）、铅（Pb）、汞（Hg）、六价铬（CrVI）、多溴联苯（PBBs）、多溴联苯醚（PBBEs/PBDEs）、多氯联苯（PCB）、多氯三联苯（PCT）、多氯化萘（PCN）等 1 级环境管理禁用物质，可用于电解电容器、电感等电子元器件，充电电池玩具及医疗器械的外包覆。

（3）含胶热缩管

含胶双壁热缩套管外层采用优质的聚烯烃合金，内层热熔胶复合加工而成。产品成型后经电子加速器辐照交联、连续扩张而成，外层具有柔软、低温收缩、绝缘、防腐、耐磨等优点，内层具有低熔点、黏附力好、防水密封和机械应变缓冲性能等优点，广泛应用于电子设备的接线防水、防漏气，多股线束的密封防水（如家电线束、汽车线束等），电线电缆分支处的密封防水，金属管线的防腐保护，电线电缆的修补，水泵和潜水泵的接线防水等场合。

双壁热收缩套管采用聚烯烃类无卤阻燃材料和热熔胶双层共挤工艺生产。外层为聚烯烃，具有绝缘、无卤阻燃、低温收缩等特点；内层为热熔胶具有低熔点、黏附力好、防水密封和机械应变缓冲等优点。

（四）其他信息

功能用途：耐磨、防漏气、多股线束的密封防水、防腐保护、抗紫外线。

应用领域：电子设备、家电线束、汽车线束、电线电缆、金属管线、水泵和潜水泵的接线防水等行业。

收缩比例：3∶1,4∶1

收缩温度：起始70℃ 最低完全收缩125℃

工作温度：－45℃～＋125℃

规格：3.2～125mm

认证：RoHS,UL。

标准颜色：黑色(可按客户要求提供其他颜色)

使用工具：用烘箱和热风枪加热即可收缩。

产品特色：

热缩套管具有优良的阻燃、绝缘性能,非常柔软有弹性,收缩温度低,收缩快,可广泛应用于电线的连接、电线端部处理、焊点保护、线束标识、电阻电容的绝缘保护、金属棒或管材的防腐蚀保护、天线的保护等。在高能射线作用下,线性高分子材料形成三维网状交联结构。交联后的高分子材料在机械强度、耐温、耐化学溶剂、耐老化等方面获得极大改善,特别是耐酸、碱性能得到很大提高。

四、焊台

(一) 工具介绍

焊台是一种常用于电子焊接工艺的工具,通过给焊料(通常是指锡丝)供热,使其熔化,从而将两个工件焊接起来(如图1-63所示)。

目前为了保护环境,各国已经禁止使用含铅的焊锡线,这就提高了焊接温度,因为无铅锡线比有铅锡线熔点提高了,因此,对焊台的温度补偿、升温及回温速度有了更高的要求。升温及回温速度是决定生产效率的一个重要指标,所以选择一款好的焊台,就要看它的温度控制能力,这是它与传统烙铁的差异之处。

可以通过很多方法控制温度,但最简单的一种就是采用可调式电量控制,焊台通过烙铁给工件快速传热从而控制温度;另外一种方法是利用温控器,通过打开或关闭电源来控制温度;还有

图 1-63　数显焊台

一种比较高级的解决方法,即使用集成芯片来检测烙铁头的温度,然后调整温控器的电量来控制温度。当烙铁头温度低于设定温度,主机接通,供电给温控器发热,当烙铁头温度高于设定温度,主机关闭,停止发热。

(二) 焊台组成

1. 手柄

手柄由绝缘材料、发热芯和烙铁头(如图1-64所示)组成。烙铁头为焊台导热部件,主要由铜、铁、镍、铬、锡四种金属材料组成。

(1)铜：作为导热体,是烙铁头的主要成分,占烙铁头材料的85％左右。铜的导热性能

好,有利于烙铁头迅速升温,好的烙铁头都是由紫铜制作。也有采用黄铜的,虽减少了成本,但也降低了烙铁头的导热效果。

（2）铁：起抗腐蚀的作用,是影响烙铁头使用寿命的关键因素。好的烙铁头镀铁层晶体结构细而密,耐腐蚀效果好,这样的烙铁头使用寿命长,下锡效果好。镀铁技术不好的厂家主要靠镀铁层的厚度来控制烙铁头的使用寿命,通常会出现镀铁层厚了烙铁头不上锡,薄了不耐用问题。

（3）镍：起到镀铁层防锈的作用,而且便于后面镀铬。

（4）铬：不粘锡,防止使用时锡往烙铁头上部移动。一般烙铁头镀铬时间在5分钟以上,普通的装饰镀铬都在1分钟左右。

（5）锡：在头部,使用烙铁时用于粘锡的部位。

2. 烙铁架

烙铁架用来暂时搁置手柄,使其远离易燃的材料,烙铁架通常会带有纤维海绵用来清理烙铁头(如图1-65所示)。

图1-64　烙铁头

图1-65　烙铁架

（三）焊台与电烙铁的区别

（1）效率比较。恒温焊台的效率相对较高,热效率可以达到80%左右,电烙铁一般只有50%;

（2）能耗比较。恒温焊台能耗比较低,因为达到调节好的温度后,就不再加温,因此,相应的能耗较低,也就是说,同样的焊接效果,焊台用电较少;

（3）回温比较。焊台的回温速度较快,因此工作效率较高;

（4）耗材寿命比较。焊台的温度得到控制,不会无限升高,所以,电烙铁头的寿命和发热芯的寿命较长;

（5）安全比较。焊台的手柄电压只有交流24V,属于安全电压,一般不会出现触电现象;

（6）防静电比较。焊台具有除静电功能,但电烙铁一般没有。

（四）焊台的用途

焊台的用途非常广泛,从家电维修到电子集成电路都会应用焊台作为焊接工具,但其最常见的应用是电子工厂PCB电路板的锡焊。

注意：焊台的使用会在第二章详细讲解。

五、热风枪

(一)热风枪介绍

热风枪是指利用发热电阻丝的枪芯吹出热风对元件进行焊接与摘取元件的工具。根据热风枪的工作原理,热风枪的控制电路主体部分应包括温度信号放大电路、比较电路、可控硅控制电路、传感器、风控电路等。另外,为了提高电路的整体性能,还可设置一些辅助电路,如温度显示电路、关机延时电路和过零检测电路等。温度显示电路显示的温度是电路的实际温度,工人在操作过程中可以依照显示屏上显示的温度来手动调节。

热风枪是无人机装配工作中用得较多的工具之一,其操作的工艺要求很高,主要配合电烙铁焊接使用(具体操作见第二章)。从取下或安装小元件乃至大规模集成芯片都要用到热风枪。不同环境对热风枪的温度和风量等有特殊要求,温度过低会造成元件虚焊,温度过高会烧坏元件及线路板,风量过大会吹跑小元件。

(二)热风枪分类

1.普通型

如图 1-66 所示,普通型热风枪价格较低,但温度不稳,风量也不稳。这种风枪的刻度只是用于调整它的功率大小,所以开机时温度上升很慢,需要 3～5 分钟,而后温度会直线上升,不小心就会烧坏东西,比如功放、CPU、线路板等。虽然也有温度检测功能,但该功能只是用来作为温度过高保护,而不能检测真实温度值。

2.数字温度显示型

数字温度显示型的热风枪与普通型性能基本相同,只是多了数字温度显示功能。

比如,在工作时,经数字温度计测量,实际使用温度为:(小头风嘴)在风口 350℃～400℃,1cm 处约 300℃～350℃,2cm 处 260℃～300℃。

如果使用的是普通型热风枪,则只能根据经验来判断温度,比如,可以用风枪在距离 3 厘米处吹一张纸来进行估计,以纸不会很快变黑,且慢慢发黄为适宜。

图 1-66　普通型热风枪

3.高温型

高温型热风枪的温度可达 800℃甚至 900℃,且须固定在设备上,连接上压缩空气或高压风源才可使用。高温型热风枪一般都内置一两个温度传感器控制温度,还内置了防干烧装置,防止因缺风导致发热丝过热而烧断,如图 1-67 所示。

4.二合一型

在无人机装配调试中,因二合一型电烙铁所具有的使用的便捷性,所以使用频率最高。

(三)热风枪使用方法

1.覆盖黑胶焊点的拆焊

(1)在温度处于 180℃～220℃时,风速适中,将焊点四周黑胶用弯镊子刮干净;

(2)当温度调至 360℃左右,风速稍大,依据焊点大小选择合适的风嘴;

图 1-67　高温型热风枪

（3）在焊点处上加助焊膏,保持风枪口距离被拆元件 1～2cm;

（4）使风枪垂直于被拆元件并回字形晃动,使其均匀受热;

（5）通过观察被拆芯片旁边元件锡是否熔化或是否有爆锡情况,然后用刀片将其撬下;

（6）用烙铁配合吸锡器或风枪将黑胶及锡点刮洗干净;

（7）待冷却后,进行下一步操作。

2. 热缩管的包裹

（1）在焊接插头或硅胶线时,提前预备裁好长度的热缩管;

（2）因为硅胶线所具有的导热性,需要留出足够缓冲距离;

（3）在焊接完成后,等待焊点及插头、硅胶线完全冷却;

（4）向焊点方向套入热缩管（如焊接插头,热缩管需顶住插头;如焊接硅胶线,焊点需控制在热缩管的 1/2 处）;

（5）打开风枪,让热缩管均匀受热,均匀收缩。

（四）使用热风枪注意事项

（1）请勿将热风枪与化学类（塑料类）刮刀一起使用。

（2）请在使用后将喷嘴或刮刀外的干油漆清除以免着火。

（3）请在通风良好的地方使用,因为对于铅制品来说去除的残渣是有毒的。

（4）不要将热风枪当吹风机使用。

（5）不要直接将热风对着人或动物。

（6）当使用热风枪时或刚使用过后,不要碰触喷嘴热风枪的把手,必须保持干燥、干净且远离油品或瓦斯。

（7）热风枪使用后要等温度降下来才能存放。

（五）热风枪的设定温度

（1）50～150℃（122～300℉）,将冷冻管解冻。

（2）205～230℃（400～450℉）,将塑料管变弯或将干油漆或磨粉变软。

（3）230～290℃（450～550℉）,软化黏着物。

（4）425～455℃（800～850℉）,软化焊接物。

（5）480～510℃（900～950℉），松开生锈的螺栓。

（6）520～550℃（1000～1100℉），可去除油漆。

（7）550℃～（1022℉），开始变焦炭

（六）热风枪使用操作规范

（1）使用前应确保已经可靠接地，防止工具上的静电损坏元器件。

（2）应该调整到合适的温度和风量，根据不同的喷嘴形状、工作要求特点需调整热风枪的温度和风量。电阻、电容等微小元件的拆焊时间需 5s 左右，一般的 IC 拆焊时间需 15s 左右，小 BGA 拆焊时间需 30s 左右，大 BGA 拆焊时间需 50s 左右（如白光 850B 热风枪，用 A1130 的喷嘴时，风量调 1 挡，温度调 3.5 挡；不用喷嘴时风量调 4 挡，温度调 4 挡。而对于数显型 ATTEN850D 来说用 A1130 的喷嘴时，风量调 3 挡，温度调 350℃；不用喷嘴时，风量调 4.5 挡，温度调 380℃）。

（3）当打开电源开关时要给热风枪预热至温度稳定后方可进行焊接工作，在使用时，风枪口要在元件上方 1～2cm 距离处均匀加热，不可触及元件；在拆焊过程中，注意保护周边元器件的安全。

（4）安装喷嘴时勿用力过大，勿用热风枪敲打作业台给予强大冲击，避免发热丝和高温玻璃损坏。

（5）高温操作时应十分小心，切勿在易燃物附近使用热风枪，注意人身安全，当需更换部件或暂时离开时要关闭电源并待其冷却，长期不用时应该拔出电源插头。

（6）工作完成，关闭电源开关，这时开始进入自动冷却时段，在冷却时段不可拔下电源插头。

六、吸锡器

（一）吸锡器介绍

吸锡器专门用来收集拆卸焊盘电子元件时融化的焊锡。维修拆卸零件需要使用吸锡器，有手动吸锡器和电动吸锡器两种。

（二）吸锡器分类

常见的吸锡器主要有吸锡球、手动吸锡器、电热吸锡器、防静电吸锡器、电动吸锡枪以及双用吸锡电烙铁等。

大部分吸锡器为活塞式，按照吸筒壁的用料可分为塑料吸锡器和铝合金吸锡器。塑料吸锡器轻巧，做工一般，价格便宜，长型塑料吸锡器吸力较强；铝合金吸锡器外观漂亮，吸筒密闭性好，一般可以单手操作，使用更加方便，如图 1-68 所示。

按照是否可以电加热，吸锡器可以分为普通吸锡器和电热吸锡器。普通吸锡器使用时配合电烙铁一起使用，电热吸锡器可以直接用于拆焊操作。部分电热吸锡器还附带烙铁头，换上后可以作为烙铁使用。

（三）吸锡器使用方法

1. 手动吸锡器

胶柄手动吸锡器的里面有一个弹簧，使用时，先把吸锡器末端的滑杆压入，直至听到"咔"

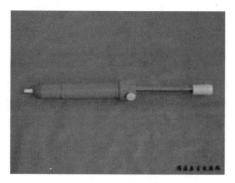

图 1-68　吸锡器

声,则表明吸锡器已被固定。再用烙铁对接点加热,使接点上的焊锡熔化,同时将吸锡器靠近接点,按下吸锡器上面的按钮即可将焊锡吸上。若一次未吸干净,可重复上述步骤。

2. 电动吸锡器

电动真空吸锡枪的外观呈手枪式结构,主要由真空泵、加热器、吸锡头及容锡室组成,是集电动、电热吸锡于一体的新型除锡工具。

3. 使用步骤

(1) 先把吸锡器活塞向下压至卡住。

(2) 用电烙铁加热焊点至焊料熔化。

(3) 移开电烙铁的同时,迅速把吸锡器咀贴上焊点,并按动吸锡器按钮。

(4) 一次吸不干净,可重复操作多次(如图 1-69 所示)。

图 1-69　吸锡器的使用

(四) 吸锡器使用技巧及工作原理

1. 手动吸锡器

(1) 要确保吸锡器活塞密封良好。通电前,用手指堵住吸锡器头的小孔,按下按钮,如活塞不易弹出到位,说明密封是好的。

(2) 吸锡器头的孔径有不同尺寸,要选择合适的规格使用。

(3) 吸锡器头用旧后,要适时更换新的。

(4) 接触焊点以前,每次都蘸一点松香,改善焊锡的流动性。

(5) 头部接触焊点的时间稍长些,当焊锡融化后,以焊点针脚为中心,手向外按顺时针方向画一个圆圈之后,再按动吸锡器按钮(如图 1-70 所示)。

2. 电动吸锡器

若吸锡时焊锡尚未充分熔化,则可能造成引脚处有残留焊锡。遇到此类情况时,应在该引脚处补上少许焊锡,然后再用吸锡枪吸锡,从而将残留的焊锡清除。

根据元器件引脚的粗细,可选用不同规格的吸锡头。标准吸锡头内孔直径为 1mm、外径为 2.5mm。若元器件引脚间距较小,应选用内孔直径为 0.8mm、外径为 1.8mm 的吸锡头;若焊点大、引脚粗,可选用内孔直径为 1.5～2.0mm 的吸锡头。

如图 1-71 所示,吸锡器在使用一段时间后必须清理,否则内部活动的部分或头部会被焊锡卡住。清理的方式因吸锡器的不同而不同,不过大部分都是将吸锡头拆下来再分别对其清理。

图 1-70　手动吸锡器　　　　　　　图 1-71　电动吸锡器

3．热风型吸锡器工作原理

利用热风将焊锡熔化,同时使用特殊的吸锡装置吸除熔化的焊锡。系统的出风和吸风采用两台风泵。如图 1-72 所示,出风量和吸风量均可以连续调节。出风泵与加热系统联动,可设定出风口温度,设定温度及实际温度采用液晶显示,吸风泵可单独开启或关闭。熔化吸锡过程同时进行,不用接触电路板,可快捷无损地摘除电路板上的各类元器件。热风的温度、风速根据需要可调,吸锡的吸力大小可调。可以选用各类型的风嘴、吸锡嘴。适合于各类型元器件的拆焊。

4．电动吸锡器真空吸锡枪的工作原理

电动真空吸锡枪具有吸力强、能连续吸锡等特点,且操作方便、工作效率高。工作时,加热器可使吸锡头的温度达 350℃ 以上。当焊锡熔化后,扣动扳机,真空枪产生负气压将焊锡瞬间吸入容锡室。因此,吸锡头温度和吸力是影响吸锡效果的两个重要因素。

在使用电动真空吸锡枪时,吸锡枪接通电源后,经过 5～10min 预热,当吸锡头的温度升至最高时,用吸锡头贴紧焊点使焊锡熔化,同时将吸锡头内孔一侧贴在引脚上,并轻轻拨动引脚,待引脚松动、焊锡充分熔化后,扣动扳机吸锡即可。

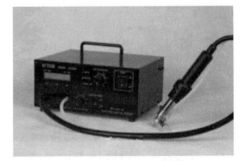

图 1-72　热风型吸锡器

（五）拆焊方法

1．常用专业方法

使用吸锡器拆卸集成电路芯片是一种常用的专业方法,使用工具为普通吸、焊两用型电烙铁,功率在 35W 以上。拆卸集成电路芯片时,只要将加热后的两用电烙铁头放在要拆卸的集成电路芯片引脚上,待焊点锡融化后被吸入吸锡器内,全部引脚的焊锡吸完后,集成电路芯片即可拿掉(如图 1-73 所示)。

2．其他方法

当用吸锡器进行拆焊时,需先将吸锡器里面的空气压出并卡住,再对被拆的焊点加热,使

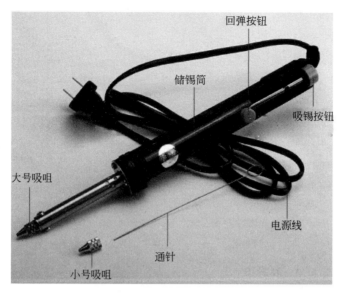

图 1-73 吸、焊两用型电烙铁

焊料熔化,然后把吸锡器的吸嘴对准熔化的焊料,按一下吸锡器上的小凸点,焊料就被吸进吸锡器内。

(1) 用吸锡电烙铁(电热吸锡器)拆焊。吸锡电烙铁也是一种专用拆焊烙铁,它能在对焊点加热的同时,把锡吸入内腔,从而完成拆焊。拆焊是一件细致的工作,不能马虎从事,否则将造成元器件的损坏、印制导线的断裂、焊盘的脱落等各种不应有的损失。

(2) 用吸锡带(铜编织线)进行拆焊。将吸锡带前端涂松香,放在将要拆焊的焊点上,再把电烙铁放在吸锡带上加热焊点,待焊锡熔化后,就被吸锡带吸去,如焊点上的焊料没有一次吸净,可重复操作,直到吸完为止。将吸锡带吸满焊料的部分剪去。

七、剥线钳

(1) 工具介绍

剥线钳是内线电工、电动机修理、仪器仪表电工常用的工具之一,用来供电工剥除电线头部的表面绝缘层使用。剥线钳可以切断电线表面的绝缘皮并使之与电线分开,还可以防止触电。

其外形如图 1-74 所示。它是由刀口、压线口和钳柄组成。剥线钳的钳柄上套有额定工作电压 500V 的绝缘套管。

剥线钳适用于塑料、橡胶绝缘电线、电缆芯线的剥皮。

(2) 结构原理

如图 1-75 所示,为剥线钳的结构简图,当握紧剥线钳手柄使其工作时,弹簧首先被压缩,使得加紧机构夹紧电线。而此时由于扭簧 1 的作用,剪切机构不会运动。当夹紧机构完全夹紧电线时,扭簧 1 所受的作用力逐渐变大致使扭簧 1 开始变形,使得剪切机构开始工作。而此时扭簧 2 所受的力还不足以使得夹紧机构与剪切机构分开,剪切机构完全将电线皮切开后剪切机构被夹紧,此时扭簧 2 所受作用力增大,当扭簧 2 所受作用力达到一定程度时,扭簧 2 开始变形,夹紧机构与剪切机构分开,使得电线被切断的绝缘皮与电线分开,从而达到剥线的目的。

图 1-74 剥线钳

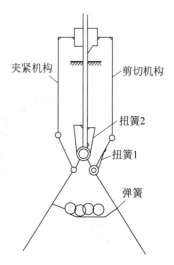

图 1-75 剥线钳的结构简图

（3）剥线钳使用方法

① 根据导线直径,选用剥线钳刀片的孔径。

② 根据缆线的粗细型号,选择相应的剥线刀口。

③ 将准备好的电缆放在剥线工具的刀刃中间,选择好要剥线的长度。

④ 握住剥线工具手柄,将电缆夹住,缓缓用力使电缆外表皮慢慢剥落。

⑤ 松开工具手柄,取出电缆线,这时电缆金属整齐地露出外面,其余绝缘塑料完好无损。

八、防静电镊子

防静电镊子一般采用碳纤维与特殊塑料混合而成,弹性好,经久耐用,不掉灰,耐酸碱,耐高温,可避免传统防静电镊子因含炭黑而污染产品的问题,适用于半导体、IC 等精密电子元件的生产使用,如图 1-76 所示。

图 1-76 防静电镊子

防静电镊子是由特殊导电塑胶材料制成的,具有弹性良好、使用轻便和能够泄放静电的特性,适用于对静电敏感的元器件的加工和安装。表面电阻 $1000 \sim 100000 \text{M} \Omega$。

第 ❷ 章 电子工艺(焊接)方法及技巧

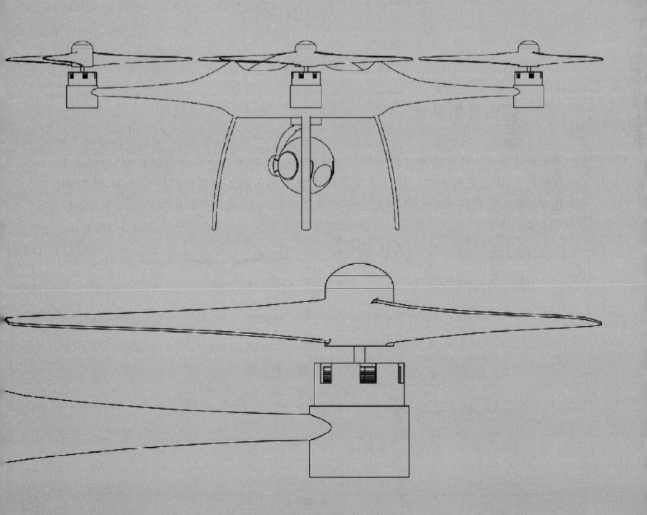

第一节　手工焊接工艺

一、电烙铁的拿法

手工焊接时电烙铁要拿稳对准,不能烫伤、损坏被焊件,因此要正确地选择和掌握电烙铁的拿法。

如图 2-1 所示,电烙铁的拿法有三种,即反握法、正握法和握笔法。反握法焊接时动作稳定,长时间操作不易疲劳,适用于大功率烙铁焊接热容量大的被焊件;正握法适用于中等功率的电烙铁;握笔法类似于写字时手拿笔的姿势,比较方便灵活,便于初学者掌握。但握笔法长时间操作容易疲劳,烙铁也较容易出现抖动现象,因此适用于小功率电烙铁焊接小规模印制电路板,或电子产品的维修。

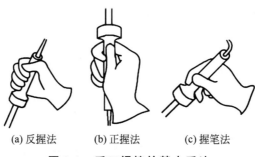

(a) 反握法　　(b) 正握法　　(c) 握笔法

图 2-1　手工焊接的基本手法

二、焊锡丝的拿法

在进行焊接工作时需一手拿电烙铁,一手拿焊锡丝,如图 2-2 所示,焊锡丝的拿法有两种,即连续焊接时拿法和断续焊接时拿法。连续焊接时用拇指和食指拿住焊锡丝,顶端留出 3～5cm 的长度,焊接过程中可以借助其他手指连续向前送料。断续焊接时用拇指、食指和中指夹住焊锡丝。采用这种拿法时,焊锡丝不能连续向前送进,适用于小段焊锡丝的手工焊接。

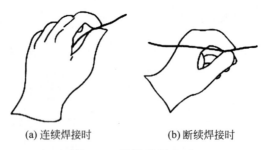

(a) 连续焊接时　　　　　　(b) 断续焊接时

图 2-2　焊锡丝的拿法

三、手工焊接的步骤

手工焊接的操作一般分五个步骤,称为手工焊接五步操作法,如图 2-3 所示,从左往右,分别为步骤一至步骤五。

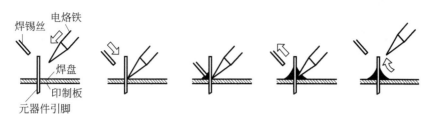

图 2-3　手工焊接步骤

步骤一：准备施焊

左手拿焊丝,右手持电烙铁,电烙铁已经通电加热,可以随时施焊,并且要求烙铁头洁净无焊渣等氧化物,表面镀有一层焊锡。

步骤二：加热焊件

将烙铁头放在被焊接的两焊件连接处,使两个焊件都与烙铁头相接触,同时加热两个焊件焊接面至一定温度,时间大约为 1～2s。

注意：此步骤中不要用烙铁头对焊件过度施加压力,过度施压并不能加快传热,却加速了烙铁头的损耗,更严重的是可能会对被焊接的元器件造成不易察觉的损伤,埋下隐患。

步骤三：送入焊丝

当焊件的焊接面被加热到一定温度时,使焊锡丝从烙铁对面接触焊件,然后焊锡丝熔化浸润两个焊接面。

注意：不要把焊锡丝送到烙铁头上!

步骤四：移开焊丝

如图 2-3 步骤四所示,当焊锡丝熔化到一定的量,使焊接面布满液态焊锡后,立即向左上45°方向移开焊锡丝。

注意：焊锡的量要适中,过量焊锡不但造成浪费,还增加了焊接时间,降低了工作速度,并容易造成焊点与焊点之间的短路。但是如果焊锡过少则焊件之间不能形成牢固结合,影响焊点的质量。在印刷电路板上焊接时,原则上熔化的焊锡应刚好布满焊盘,考虑到双面板需要焊锡充满孔的缝隙,所以同样大小的焊盘,双面板比单面板需要更多的焊锡。并且双面板的焊点比单面板的焊点电气连接更可靠,机械连接强度更高,质量更好。灰色部分为焊锡形成的合金层,如图 2-4 所示。

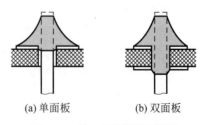

(a)单面板　　(b)双面板

图 2-4　单双面板焊锡焊层

步骤五：移开烙铁

将焊锡丝移开后,熔化的焊锡已经浸润焊件的施焊部位,此时应迅速将烙铁头贴刮着被焊接的焊件(元件引脚或导线)移离焊点,这样可以使焊点保持适量的焊料。从第三步开始到第五步结束,时间大约 1～2s。

注意：烙铁移开后至焊锡凝固之前,应保持焊件静止,如果焊接时用镊子或钳子等工具帮助固定焊件,一定等焊锡凝固后才松开固定工具。因为焊锡的凝固过程是结晶的过程,在这个过程中外力(焊件移动或抖动)会改变结晶的条件,形成大粒结晶,造成所谓的"冷焊",使焊点内部结构疏松,机械强度降低,导电性差。

四、焊点的质量

焊点的质量直接关系到电子产品的电气性能和机械可靠性,电子产品的焊点如果有问题,检查起来十分困难。所以焊接操作人员必须明确合格焊点的要求,全面考虑影响焊点质量的各种因素,尽量减少或避免不合格焊点的出现,保障焊接的高质量。

衡量焊点的质量,应该从以下三个方面考虑。

(1)可靠的电气连接

一个焊点要稳定、可靠地通过一定的电流,需要有足够的电流导通面积。如果焊接时仅仅将焊料也就是焊锡堆积在被焊件的表面,并未在被焊接件的焊接面间形成有效连接(虚焊),或仅有少部分形成合金层连接焊件,那么在最初的测试或工作中也许并不会出现问题,但随着时间的推移和工作条件的变化,会出现脱焊现象,电路会时通时断或干脆不工作,此时的焊点外观可能并无异常,因此查找故障原因将非常困难。

引起虚焊的原因有很多,如焊接时间掌握不好,太长或太短;焊接中焊锡尚未凝固时,焊接元件松动;被焊接处表面未预先清洁好,表面有氧化层,使镀锡不牢;烙铁头的温度过高或过低;焊锡质量差;助焊剂的还原性不良或用量不够等。总之,在焊接时焊锡在焊接面之间没有形成良好的合金层,因此焊接时,应注意尽量考虑到引起虚焊的各种因素,使熔化的焊锡完全浸润焊接面,与焊接面形成良好的合金层,才能使焊点具有良好的导电性能。

(2)足够的机械强度

在电子产品中,焊接不仅起到电子元器件间的电气连接作用,同时也是固定电子元器件、保障机械连接的手段,因此焊点应具有一定的机械强度。焊接时形成足够的焊接接触面积是机械强度的保障;另外,焊接时注意在焊料尚未凝固时,应保持焊件静止,防止振动、抖动引起焊点结晶粗大、产生裂纹,从而影响焊点的机械强度。

(3)光洁整齐的外观

对于良好的焊点来说外观上焊料用量应恰到好处,焊点表面光滑有金属光泽,没有拉桥、拉尖现象。典型良好焊点的外观如图 2-5 所示,从外观上看这个典型焊点,形状为近似圆锥形而表面稍微凹陷,以焊接导线为中心,对称成裙形展开,焊料形成的表面呈半弓形凹面,焊料与焊件交界处平滑可靠连接。而不合格焊点有各种情形,如图 2-6 所示。

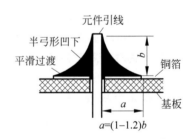

图 2-5 典型良好焊点的外观

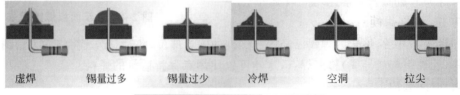

虚焊　　　锡量过多　　　锡量过少　　　冷焊　　　空洞　　　拉尖

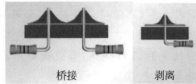

桥接　　　剥离

图 2-6 不合格焊点图

注意：

（1）无铅焊锡是一种化学产品,混合了多种化学成分,不可食用;

（2）在焊接过程中,锡炉中的锡和焊接上的助焊剂接触产生部分烟雾会对人体呼吸系统产生刺激,长时间暴露其中可能会产生不适,因此应确保作业现场通风良好,焊接设备必须安装充足的排气装置,将废气排走;

（3）作业过程中不允许饮食、抽烟,作业后必须先用肥皂或温水洗手后才能进食。

五、手工焊接技巧

掌握手工焊接的操作方法和要领后,操作者还要经过大量的实际训练才能达到灵活操作的程度。如果要在印刷电路板上安装焊接电子电路,进而装配一个完整的电子产品,仅了解手工焊接的操作要领是远远不够的,借鉴他人的经验并遵循成熟的工艺才是初学者的必由之路。

1. 电路板上元器件焊接顺序和焊后检查

在进行焊接操作时为了防止电路板在操作台上滑动,影响操作,可以将一块小毛巾或干净的抹布垫在电路板下面,也可以用一块橡皮泥放在电路板和操作台面之间,使电路板相对固定。

为了方便操作,焊接时应根据元器件在电路板上安装后的高度,按照先低后高的顺序进行。一般情况下,如果电路中有短接线,就先焊短接线。然后是卧式安装的小功率电阻、二极管等不同的电路元器件,焊接过程一定是由低到高,依次进行。

2. 各种元器件焊接注意事项

（1）电阻的焊接

电阻由于接线简单,无极性,所以焊接时较简单,注意将其表面标注的参数置于便于观察读取的位置即可,如果有几个电阻平行,则尽量注意使它们的色环顺序一致,便于读数。

（2）电容的焊接

电容引脚的焊接工艺比较简单,同电阻类似,但注意有些电容(如常用的电解电容)是有极性的,引线有正负极之分,焊接时要加倍小心,决不能焊反。

（3）晶体二极管、三极管的焊接

对于晶体二极管、三极管在焊接前一定要经过测量,确保其质量完好。焊接时一定要注意二极管、三极管的极性,决不能焊反焊错,而且焊接时烙铁加热焊接面的时间不能过长,防止晶体管过热而损坏。

（4）集成电路的焊接

由于集成电路芯片内部集成度高,内部管子隔离层很薄,一旦受热过量很容易损坏,特别是绝缘栅型MOS电路,由于输入阻抗很高,稍有不慎就可能导致内部击穿而损坏。所以,对于集成电路芯片的安装焊接有两种方式,一种是直接将集成电路芯片焊接到印制电路板上;另一种是在印刷电路板上焊接集成电路芯片插座(又称为"管座"),管座焊接完毕可将集成电路芯片直接插接到管座上工作。

如果直接将芯片焊接到印制电路板上,首先要注意芯片的方向不能搞错,因为芯片的引脚比较多,一旦方向搞错,拆焊的工作将非常麻烦,稍不小心将损坏电路板和芯片。另外有些芯片的引脚是镀金或镀银的,此时不能用切刀或砂纸刮擦管脚,只需用酒精擦洗或绘图橡皮擦干净即可。如果在印制电路板上焊接管座,也要注意方向问题,还要注意在对管座焊接时不能加热时间过长,否则会使管座的塑料熔化变形。

（5）开关和接插件的焊接

在电子产品中，除了阻容元件、晶体管、集成电路之外，还有各种各样的开关和接插件，这类器件大部分是由各种塑料等有机材料组成，所以它们的耐高温性能差，在焊接时如果加热时间不当，极易造成变形，影响其性能甚至导致失效。所以焊接这类器材时，注意应将焊接处理干净，保障镀锡过程快速完成，争取一次成功；焊接时应注意烙铁的方向，注意不要触及焊点以外的地方；使用烙铁加热时不要对接线片施加任何压力；在保障可靠的情况下焊接时间应尽量短。

（6）焊接后的处理

元器件焊接完毕后，要仔细检查确认各个元件焊接正确，如发现有误应及时拆焊。确认无误后，可以用斜嘴钳剪断多余的引线，注意剪线时不要施加剪切力以外的任何其他力，或者说应只施加垂直于引线的剪切力。因此尽量使用尖嘴钳剪线，剪刀有时难以将较粗的引线剪断。

检查所有的焊点，修补焊点缺陷。电路板焊接过程中可能粘有细小的锡珠，也可能有焊锡熔化后拉出的锡丝，这些都要彻底清除，否则将会引起电路的短路。

第二节　手工拆焊工艺

拆焊就是将已经焊好的焊点拆除，是焊接的逆过程。拆焊是电子产品调试和维修过程中的重要技能。拆焊比焊接的难度高，技巧性强，如果拆焊不得法，极有可能引起电路板或元器件的损坏。

一、手工拆焊工具

（1）电烙铁

拆焊时需用电烙铁把需要拆焊的焊点加热，直到焊料熔化以便去除。

（2）吸锡器

吸锡器利用吸气的气流，将熔化的液态焊料从焊点吸走，使焊点上的被焊件之间分离，便于拆除。

（3）吸锡电烙铁

吸锡电烙铁是吸锡器和电烙铁的组合工具，它具有两者的功能，使用方便，容易使焊盘与导线分离。

二、手工拆焊的方法

（1）分点拆焊法

对于焊点较少且焊点相距较远的元件，如卧式安装的电阻电容等，拆焊时可以先熔化吸除一个焊点的焊锡，然后用镊子或尖嘴钳轻拔下元件引线，再用同样方法拆除下一个焊点。

（2）集中拆焊法

要拆除焊点较少但焊点相距较近的元件，如晶体三极管或立式安装的电阻电容等，可以用烙铁交替快速加热两个焊点，使两个焊点焊料同时熔化，然后用镊子或尖嘴钳将元件一次拔出。对于多焊点的元器件，如集成电路、开关、插座头等，需用专用烙铁头同时对准各个焊点加热后，一次取下。或者几个人合作，用几把电烙铁同时加热同一元件不同的焊点，使得焊点的焊料同时熔化，将元件一次取下。

（3）保留拆焊法

保留拆焊法是指拆焊后要保持元器件引脚或导线完好。保留拆焊法要求比较严格，操作上也比较麻烦。

一般情况下用吸锡器仔细吸除焊料后,可以取下元器件,但有时并不能一次顺利完成,这时应细心观察,找到没有脱焊的引脚,用清洁的未带焊料的烙铁对引脚进行加热,并对引脚向能够脱开的方向轻轻施力,使引脚线与焊盘分开,最终取下元件。

(4)剪断拆焊法

被拆焊点上的元器件引线或导线如留有余量,而元件无再利用价值,则可以视具体情况先将元器件或导线剪下,再将焊盘上的线头拆下。

三、手工拆焊注意事项

(1)严格控制拆焊温度和加热时间

拆焊时如果加热过度,会使元器件的封装特别是一些开关、插针等的塑料部分熔化损坏,影响再次使用。更严重的是会导致焊点的焊盘甚至印制导线从电路板的基板上翘起、脱落,影响整个电路性能。

(2)严格控制拆焊时的力度

拆焊过程中,要先对焊点加热使焊料熔化,相应地器件的温度也会上升,在高温状态下,各种元器件的封装的强度会下降,如果用力过大会使元器件损坏,也可能损坏焊盘(如图 2-7 所示)。

图 2-7 拆焊时导致焊盘脱落

(3)严格控制拆焊时的操作范围

拆焊时还应注意,不能损坏拆焊点周围的元器件,尽量避免拆动其他元器件或变动其他元器件的位置。

(4)拆焊后重新焊接要注意恢复原状

重新焊接的元器件引线和导线的长度、元件位置、高度、方向等要尽量和原来保持一致,使电路的分布参数不发生大的变化,以免电路受到影响。

第三节 焊 接 教 学

一、无人机焊接中的注意事项

(1)在学习焊接无人机插头及线材之前,应先学会如何给需要焊接的线头上锡。

在给线头上锡时,可以左手捏住硅胶线,右手把住电烙铁,并将焊锡丝固定(有时可以左手捏住焊锡丝,硅胶线固定在一旁,视实际情况而定),如图 2-8(a)所示。用硅胶线线头抵在焊锡丝一侧,同时烙铁头抵在焊锡丝另一侧。借助电烙铁的温度将焊锡丝熔化,同时把硅胶线线头和烙铁头向焊锡丝方向凑过去,这样就可以给硅胶线线头上锡了(如图2-8(b)所示)。上锡过程的前后对比如图2-9所示。上锡前后对比如图2-9所示。

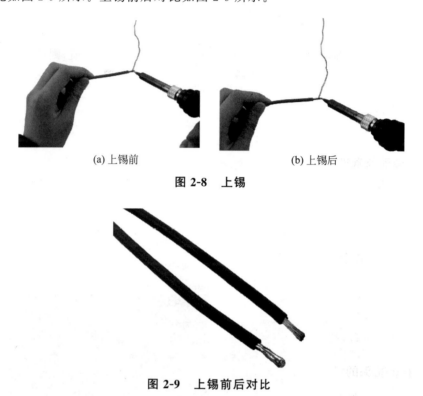

(a) 上锡前　　　　　　　　　　　　(b) 上锡后

图 2-8　上锡

图 2-9　上锡前后对比

　　注意:电烙铁的高温会通过导线传递,所以如果手拿硅胶线,需要注意手指捏住硅胶的位置,同时也要注意硅胶线的软硬度。

　　(2) 在焊接 XT60、XT90 等插头时,不管是焊接母头还是公头,都要将与其配对的另一头插上,记住做好焊接处的绝缘处理,这样插着插头焊接的好处是能够有效地给插头散热,避免小功率烙铁因长时间焊接导致的高温熔化插头塑料,还有一个作用就是如果出现了塑料熔化,另一半插头还可以给焊接的插头起到定位的作用,内部的金属部分不会因为塑料熔化而偏移原来位置(如图2-10所示)。

图 2-10　高温烙铁导致塑料熔化

（3）焊接作业时在插入一头的同时，可以用钳子或者其他夹具夹住另一头固定（如图 2-11 所示）。

图 2-11　固定插头

（4）对于提前放置的热缩管，因为考虑到在进行焊接作业时硅胶线的导热性，也需要留出一定的距离，防止其提前收缩。

（5）在焊接电池插头时，要注意有些插头的正负极之间间距非常近，很容易因为烙铁头或焊锡造成短路。

二、无人机专用插头的焊接

本节介绍无人机专用插头的焊接方式，因插头种类众多，所以选用最具有代表性的 XT60 与 AS150 插头进行教学讲解。

（一）XT60 插头的焊接

（1）准备相关材料和工具。如图 2-12 所示，包括焊接工具、适当长度热缩管、剥线后的硅胶线和 XT60 插头（此插头配备护套）等。

（2）如图 2-13 所示，向 XT60 接线口润湿少量锡（切忌上锡太多，以内表面均匀上锡即可，太多的焊锡会在焊接导线时溢出，致使接头外表面粗糙）。

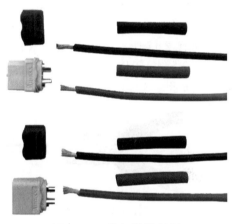

图 2-12　准备焊接材料

（3）如图 2-14 所示，将上锡后的硅胶线插入 XT60 插头焊接处，把握好硅胶线插入的长度，导线长度正好能插满空腔即可，硅胶线不能太粗，不然无法实施焊接，如图 2-15 所示。

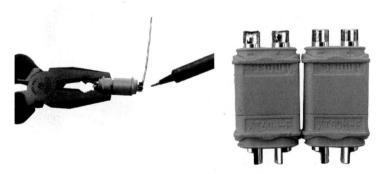

图 2-13　为插头接口上锡

（4）应该注意的是,热缩管是在焊接导线之前插在导线上的,焊接后就无法插入热缩管了,要牢记其先后顺序,否则就需要返工(如图 2-16 所示)。

图 2-14　焊接硅胶线

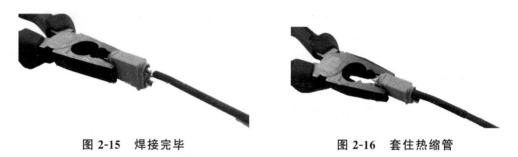

图 2-15　焊接完毕 　　　　　　　　　　　图 2-16　套住热缩管

（5）如图 2-17 所示,将热缩管插入后的情况,XT60 插头的一大好处就是有效地保护了接头,如果结合紧密,还具有一定的防水功能(热缩管本身就具有密封防水作用)。焊接完毕后,如图 2-18 所示。

图 2-17　加热热缩管

图 2-18　焊接完毕及待插插头

（二）AS150 插头的焊接

AS150 与 XT60 不同,其主要用在 6s 动力电源及以上的无人机上,其耐高压、大电流、防打火的特点,备受无人机行业从业者的青睐。

如图 2-19 所示,AS150 的外壳和插头相互独立,壳分为红公壳、红母壳、黑公壳、黑母壳,插头分为母香蕉头、公香蕉头(不带电阻)、公香蕉头(带电阻)。

在无人机行业中,通常情况下,在电调端为红色公壳配母香蕉头,黑色公壳配母香蕉头,而在电池端为红母壳配公香蕉头(带电阻),黑母壳配公香蕉头(不带电阻)(视实际情况而定)。在此

图 2-19　准备需要焊接的插头

情况下,接通电源需先插负极黑线,后插正极红线。

　　注意：因 AS150 插头焊点较大,如果电烙铁、焊台功率较小,上锡时会出现热量不够,不易熔化或者一边熔化另一边已经冷却的现象,所以建议使用功率在 60W 以上的焊台。

　　(1) 如图 2-20 所示,首先,在插头接线口上锡,切忌上锡太多,以内表面均匀上锡即可,太多的焊锡会在焊接导线时溢出,致使接头外表面粗糙(如图 2-21 所示)。

图 2-20　为接口上锡　　　　　　　　　　图 2-21　上锡完毕

　　(2) 因为 AS150 插头接口大小合适,所以对硅胶线不用提前上锡。将硅胶线插入 AS150 插头焊接处,把握好硅胶线插入的长度,以导线长度正好能插满空腔为宜,硅胶线不能太粗,不然,难以实施焊接作业(如图 2-22 所示)。

　　(3) 利用所熔化焊锡的张力,尽量要让焊点圆润,无毛刺,无溢出(如图 2-23 所示)。

图 2-22　将未焊接硅胶线插入接口　　　　图 2-23　上锡

　　(4) 重复以上步骤,逐一焊接电池端及电调端(如图 2-24 所示)。

图 2-24　重复焊接操作

　　(5) 如图 2-25 所示,待插头及焊点完全冷却后,套上提前预留的红(黑)壳,并拧紧(如图 2-26 所示)。

图 2-25　拧紧外壳　　　　　　　　　　图 2-26　焊接完毕

三、焊接的基本形式

导线与导线之间的焊接常见的有三种基本类型：搭焊、钩焊和绕焊（如图 2-27 所示）。

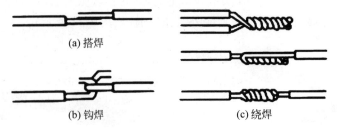

(a) 搭焊

(b) 钩焊　　　　　　　　(c) 绕焊

图 2-27　基本焊接类型

（一）搭焊

所谓搭焊即将镀过锡的导线搭接到另外一根镀过锡的导线上。这种方法最简单，但是强度最低，可靠性最差，仅用于维修调试中的临时接线或者是不方便进行绕焊、钩焊的地方，以及一些插件长的焊接。搭焊时需要注意从开始焊接到焊锡凝固之前不能松弛导线。

先将需要焊接的导线两端上锡（如图 2-28 所示）。

如图 2-29 所示，固定住导线两端，防止松动，将烙铁头放在需要焊接处加热。待焊锡完全熔化，变得圆润后，慢慢撤走烙铁头。焊接操作完毕后可以再用力拉拽两下，确保焊点无虚焊。

图 2-28　为硅胶线上锡　　　　　　　　图 2-29　搭焊焊接操作完毕

（二）钩焊

将镀过锡的导线弯成钩形，连接在一起并用钳子夹紧之后焊接。钩焊的强度低于绕焊，但是操作简单方便。

如图 2-30 所示，将硅胶线拨开，露出铜线，把待焊接的两个线端弯成 U 形，并相互钩住。之后可以稍微用力拉拽一下，保证两股线不会脱开。

如图 2-31 所示，固定住导线两端，防止松动，将烙铁头放在需要焊接处加热。待焊锡完全熔化，焊点变得圆润后，慢慢撤走烙铁头。焊接操作完毕可以再用力拉拽两下，确保焊点无虚焊。

图 2-30　为硅胶线进行钩焊上锡　　　　　图 2-31　钩焊焊接操作完毕

（三）绕焊

所谓绕焊即将镀过锡的导线缠绕拉紧后再进行焊接操作。导线的粗细不同，绕焊的方法也不同,如果导线有粗有细,可将细导线缠绕在粗导线上,如果导线同样粗细可采取扭转并拧紧的方法。绕焊的可靠性最高,因此在导线与导线之间的焊接中一般采用绕焊方法。

如图 2-32 所示,先将需要焊接的两股铜线逐一拧实,再将拧实的两股线相互缠绕,绞合在一起。

像给普通导线上锡一样,从线缆的一段,慢慢上锡,延向另一端。待焊锡完全熔化,焊点变得圆润后,慢慢撤走烙铁头。焊接完毕后可以再用力拉拽两下焊接好的导线,确保焊点无虚焊(如图 2-33 所示)。

图 2-32　为硅胶线上锡前进行缠绕

图 2-33　绕焊焊接完毕

(四)叉焊

除了以上三种常见的线缆焊接方式外,还存在另一种焊接方式,其具备方便、快捷、焊点结实、不用提前上锡的特点,在无人机装配和维修作业中非常受欢迎。而且这种焊接方式适用于市场上 95% 的线材,且不论线缆软硬、线径粗细如何。

叉焊焊接要先将导线表皮剥离,露出铜线,将铜线搓开,令所有线缆都呈开叉状(如图 2-34 所示)。

将两股开叉、待焊接的导线慢慢对插,此时需要用力均匀,才能将其互相插入。然后将外面支出来的铜线拧紧、拧实。如果对插时没有插实也没有关系,可以拔出重新搓开,再进行对插(如图 2-35 所示)。

图 2-34　将硅胶线搓开铜线成开叉状

固定住导线两端,防止松动,将烙铁头放在需要焊接处加热。待焊锡完全熔化,焊点变得圆润后,再慢慢撤走烙铁头。焊接操作完毕可再用力拉拽两下线缆,确保焊点无虚焊(如图 2-36所示)。

图 2-35　将两股导线对插拧紧

图 2-36　叉焊焊接完毕

四、焊接相关问题

(1) 新烙铁"吃"锡问题。新烙铁要"吃"上锡才能使用。对于内热式的烙铁需通电 2～3min(外热式的时间应长一些)后,用锉锉净烙铁头的刃口部位,露出铜的材质之后迅速沾松香(温度合适时发出"刺啦"的声音并冒白烟)再沾锡,即先给烙铁头镀锡,习惯上称为吃锡。有了吃锡面的烙铁,越频繁使用,其吃锡面越大,越好使,否则,吃锡面会缩小甚至完全消失。

(2) 处理烙铁"烧死"的问题。长时间通电但不使用,称为"干烧"。时间长了会使烙铁头烧死,即整个烙铁头完全被黑乎乎的一层氧化铜覆盖。这样的烙铁是不能使用的。处理方法是首先锉掉原来吃锡部位的氧化层,重新露出铜的材质,并迅速地沾松香、沾锡,形成新的吃锡面。对于长期使用的烙铁头,它的刃口部位会磨损(也有助焊剂的腐蚀因素),变得凹凸不平,这时也应用锉锉平,恢复原来形状之后再继续使用。若烙铁头很小了,应换新头,烙铁就可以继续使用。

(3) 用锡量的控制问题。用普通焊法,焊点上锡的多少取决于烙铁头上带的锡的多少,这些锡大部分会留在焊点上。如果带(沾)锡很多,寄希望于焊接时少给焊点而多保留在烙铁头上一些是不可能的。因此,烙铁带(沾)锡多少要预先控制好。用点焊法时则由持焊锡丝的手去控制。锡量够了需将焊锡丝马上移开。

(4) 改焊的问题。把焊错的元件或者是损坏的元件焊下,再重新焊上合乎要求的元件的过程称为改焊。具体做法是首先用左手拇指和中指捏住印刷板,先化开一个焊点,同时用食指将元件向相反方向推,使其引线先退出一段(若能完全退出更好);再加热另一个焊点,用食指再将元件往另一面勾,使另一个引线也退出一段,反复几次,元件就"晃"下来了。留在铜箔上的锡要去掉,以便露出原孔重新进行焊接。如果反复甩锡总甩不净,可用锥子从有铜箔的一面向另一面捅,直到贯通为止。当改焊三极管时要轮流焊 3 个焊点,而改焊集成电路芯片时则要用到专门的吸锡烙铁。

(5) 用余热焊接的问题。对于场效应管和某些集成电路来说,它们的内部结构不能耐受电烙铁工作时产生的感应电压或者是较高的温度,焊这类元件时应断开烙铁电源,用电烙铁的余热进行焊接,以防击穿或烫坏。

(6) 对于铝质元件不能手工焊接问题。因为铝所具有的特殊的化学性质,其表面的氧化层不易去除,导致焊接面不能直接上锡。可以在焊接前用砂纸或者锉刀对焊接面进行打磨之后再进行焊接操作。

(7) 安全使用电烙铁问题。电烙铁有 3 根引出线,其中一根是通金属外壳的保护线,它应良好接地,否则,电热芯一旦发生漏电,操作者会触电。另外,初学者因不熟练,经常出现用烙铁头烫坏其电源线的情况,一旦铜丝外露就很危险,应及时用绝缘胶带包好损坏处。

第 三 章　无人机航电系统操作

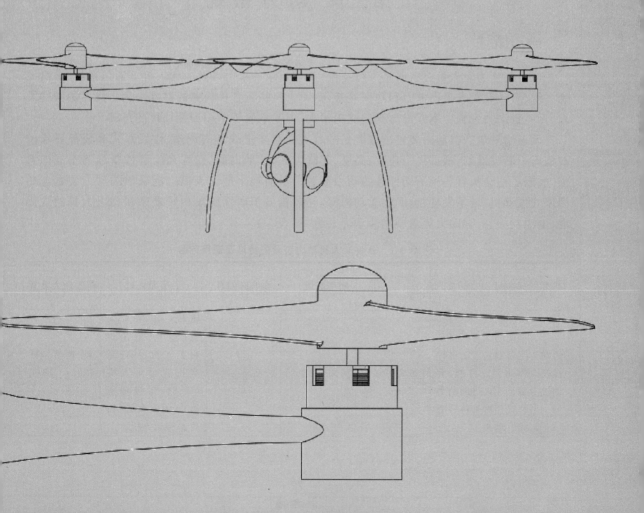

所谓无人机航电系统即无人机综合航空电子系统。一套无人机系统的物理实体由五个主要的子系统组成,至少包括一个或多个飞行器、根据任务安排配置的有效载荷、一个或多个控制站(可能在空中,也可能在地面)、数据链路系统、一个发射与回收系统(有些无人机可能没有),以及一些相应的地面支援设备。无人机系统通过装载有效载荷的飞行器、控制站和发射回收系统与外界发生信息交联。

后面将结合无人机航电系统的理论知识并使用无人机航电系统示教仪进行各系统模块之间的连线训练,无人机航电系统示教仪是无人机操控、维修与应用专业非常实用的高端实训教学仪器。通过有关环节的教学,可有效帮助学生们理解四旋翼无人机的工作原理,并且通过实操训练使学生掌握四旋翼无人机的电路原理、机械结构,可以自己动手进行飞行控制参数的调节,让学生具备外场试飞前必须掌握的相关知识及操作能力。

在无人机航电系统实操时分为两种模式,即自动驾驶模式和手动操控模式,两种模式下部分模块之间的接线方式不尽相同,后面根据实际情况会把每种模块之间的常见接线方式做简单介绍,实操时可根据示教仪向导接线方式练习。对于对应模块之间的连线会以视频形式进行理论讲解。

第一节 动力系统

一、概述

动力装置为无人机提供满足飞行速度、高度要求的推力以及为无人机上通信系统、导航控制系统、有效载荷等提供电力和功率支持,是无人机执行各种任务的基础。为了满足不同的需求,无人机动力装置功率或推力变化范围很大,但基本属于中小型发动机的范畴。

无人驾驶航空器动力装置的发展是随着人们对未来战争的观念、作战形式和任务要求的改变而不断发展的,根据飞行速度、高度、起降方式、续航时间、航程和经济性指标等不同的要求,发展了适合执行各种不同任务的动力装置。目前轻小型无人机广泛采用的动力装置包括活塞式发动机、转子发动机、涡轮发动机等,还包括处于研究阶段用于未来新型无人机的太阳能、电池动力、混合动力等新型能源动力装置,见表 3-1。

表 3-1 各种无人机动力装置的特点及适用范围

类型	特 点	使用速度 /(km·h^{-1})	使用高度/m	续航时间/h	适用无人机	典型动力装置
活塞式发动机	油耗低,技术成熟,早期的无人机多采用活塞式发动机作为动力。目前,大多数无人机的动力装置仍然采用活塞式发动机	130~190	3000~9000	1~50	靶机;侦察无人机;低空、低速短程无人机;中、高空长航时无人机(带 2~3 级增压器);无人直升机;攻击型无人机	奥地利的 Rotax 582/586/912/914

续表

类型	特　点	使用速度/(km·h⁻¹)	使用高度/m	续航时间/h	适用无人机	典型动力装置
转子发动机	将活塞式发动机中做往复运动的活塞改为旋转活塞,减小了振动,缩减了体积和质量,结构紧凑,功率/质量比高,油耗低	110~400	2500~5500	1.5~12	多用途小型无人机;长航时无人机;无人直升机;攻击型无人机	英国的 UEL AR731、AR741、AR801
涡桨发动机	同样用螺旋桨作为推进器,涡桨发动机比活塞式发动机功率更大,性能更好,无人机的速度更快,升限更高	400~600	15 000~18 000	10~12	中、高空长航时无人机	Honeywell TPE331-10T
涡轴发动机	涡轴发动机与涡桨发动机差别不大,涡桨发动机输出轴功率带动螺旋桨,而涡轴发动机输出轴功率带动直升机垂直起降或倾转旋翼机的旋翼	140~330	300~7600	3~24	无人直升机;垂直起降无人机;倾转旋翼无人机	Rolls-Royce 250-C20R、50-C20W;Williams WTS34-16、WTS117-5
涡喷发动机	对于要求高亚音速飞行($M_a=0.7\sim0.9$)的无人机,宜采用涡喷发动机,但油耗较大	700~1100	3000~14 000	0.2~2.5	高速靶机;高空高速无人侦察机	Microturbo TRS18-076、TRS18-1、TRI60-2/3/4/5 Williams WR2-6、WR24-6/7、WJ24-8
涡扇发动机	高空高速性能优于涡桨发动机,经济性优于涡喷发动机,适合高空长航时无人机	600~900	14 000~20 000	8~42	高空长航时无人机;无人战斗机	Rolls-Royce Allison AE3007H;Williams 的 FJ44-1A/-2A
电池组及电动机	结构简单、重量轻、使用方便,无人机的噪声很小,红外特征不明显,同时又能提供与内燃机不相上下的比功率。适合作为低空、低速、小型(微型)无人机的动力	50~170	15~9000	1/3~6	手掷式无人机;便携式轻型无人机;监视型微型飞行器;可空中发射展开的小型无人机;可回收式或消耗性小型无人机	以锂(Li)电池、Li/SO₂电池、Ni/Cd电池为电源,通过电动机驱动可折叠式螺旋桨

（一）电机

即俗称的马达,对于电动无人机来说就是电机,是多旋翼无人机的动力机构,用于提供升力、推力等。无人机一般使用无刷电机,无刷电机去除了电刷,最直接的变化就是没有了有刷电机运转时产生的电火花,这样就极大减少了电火花对遥控无线电设备的干扰。无刷电机没有了电刷,运转时摩擦力大大减小,运行顺畅,噪声大幅度降低,这个优点对于模型运行稳定性是一个巨大的支持。

（二）电子调速器

电子调速器用于将飞行控制器的信号转变为电流信号,进而控制电机转速,可简称为电调。因为电机的电流很大,每个电机正常工作时,通常会有平均 3A 左右的电流,如果没有电调的存在,飞控根本无法承受这样大的电流,而且飞控也没有驱动无刷电机的功能。同时电调在多旋翼无人机中也起着电压变化器的作用,可将 11.1V 电压变为 5V 电压给飞控供电。

（三）螺旋桨

螺旋桨安装在电机上,多旋翼无人机安装的都是不可变螺距的螺旋桨,衡量螺旋桨的主要指标有螺距和尺寸两个,指标一般是 4 位数字,前面 2 位代表桨的直径,后面两位是螺距。

电机与螺旋桨的搭配是非常复杂的问题,建议采用常规配置,一般情况下,螺旋桨越大,升力就越大,也就需要更大的力量来驱动;螺旋桨转速越高,升力越大;电机的 KV 值越小,转动力量就越大;

综上所述,大螺旋桨就需要用低 KV 值电机,小螺旋桨就需要高 KV 值电机(因为需要用转速来弥补升力不足)。如果高 KV 值电机带大桨,力量不够,实际还是低速运转,并且电机和电调很容易烧掉。如果低 KV 值电机带小桨,完全没有问题,但升力不够,可能导致无法起飞。例如常用 1000KV 电机搭配 10in 左右的桨。

二、接线向导

四旋翼无人机动力系统由四套电机和电调组成,为抵消无人机旋翼的扭力矩,对称的一对螺旋桨应沿同一方向旋转,另一对螺旋桨应沿相反方向旋转。桨叶的旋转方向由电子调速器和电机的线序来决定。

1 号和 2 号电机(3 号和 4 号电机)与电子调速器的接线方式使得桨沿顺(或逆)时针方向旋转(接通方式如图 3-1～图 3-4 所示)。

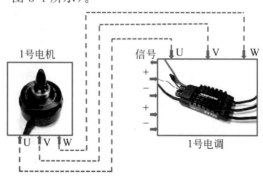

图 3-1　1 号电机与 1 号电子调速器接线方式

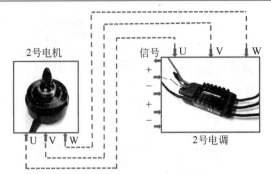

图 3-2 2 号电机与 2 号电子调速器接线方式

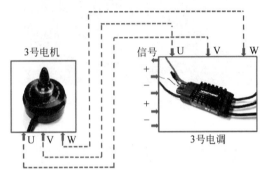

图 3-3 3 号电机与 3 号电子调速器接线方式

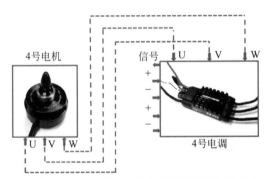

图 3-4 4 号电机与 4 号电子调速器接线方式

注意：实操时会根据无人机机架布局及飞控参数确定每个电机转向,每个飞控对电机的编号也各不相同,如图 3-5 和图 3-6 所示。

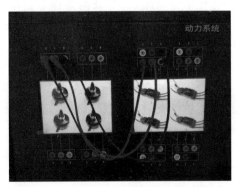

图 3-5 1 号电机与 1 号电调实操示意图

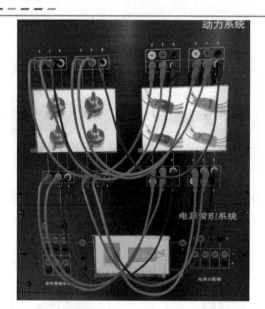

图 3-6　所有电机与电调接线示意图

第二节　电源管理系统

通常来说,小型或微小型无人机以电池为动力装置,随着飞行器向超长航时发展,对电池和能源系统也提出了越来越高的要求。蓄电池有动力但缺乏能量,燃料电池有充足的能量但缺乏动力。动力可以描述为保障无人驾驶系统运作所要达到的瞬间功率,而能量则指的是维持其持续工作一段时间所需要的动力总量。为了使蓄电池具有更多的能量,研究人员在试验含有各种新燃料成分燃料电池的同时,也在研究不同的可用物质作为新燃料。

一、锂电池

目前,大部分电推进型微型无人机的动力来源是锂离子电池,锂离子电池也可以分为一次电池和二次电池两种类型,常用的锂蓄电池有 $Li-MnO_2$ 一次电池、锂-氯磺酰电池、锂-二氧化硫电池和聚合物锂离子电池等。

$Li-MnO_2$ 电池是一种一次电池,使用金属锂为阳极,二氧化锰(MnO_2)为固态阴极。由于固态阴极不会像液体电解质那样产生气体压力,因此这种电池即使过度使用或错误使用也不会充气,但是固态阴极的离子传导率相对较低,在低温条件下使用性能较差。因此,目前的研究工作主要围绕着如何在电解质中添加物质或优化阴极表面区域展开,目的在于使电池能在低温环境下提供更多的能量。锂-氯磺酰电池以金属锂为阳极、液态氯磺酰为阴极和电解质,可实现大电流充放电,还可以制作成更大的螺旋状卷绕电池形式,但氯磺酰腐蚀性强,电池的储存寿命较短。为此,美国军方进行了研究往电池中加入添加剂,期望能够增加电池在室温下的储存寿命。$Li-SiO_2$ 电池以金属锂为阳极、液态 SiO_2 为阴极和电解质,具有较高的能量密度。该技术发展于 20 世纪 80 年代后期的美国。

锂二次电池的研究始于 20 世纪 60 年代,当时研究主要集中在以金属锂及其合金为负极的锂二次电池体系,正极采用的是过渡金属硫化物和过渡金属氧化物。经过近二十年的探索,在 20 世纪 80 年代末诞生了以石墨化碳材料为负极,锂与过渡金属的复合氧化物为正极的锂二次电池——锂离子电池,开创了锂二次电池实用化的新时代。锂二次蓄电池具有比较高的比能量和优良的循环使用性能,特别是聚合物锂离子电池,随着技术的不断发展,越来越适合作为微小型无人机的动力源。在整个微小型无人机重量中电池部分所占比例很大,由于新的高能量密度电池技术目前没有明显的突破,采用结构能源技术成为解决此问题的一条有效途径。这种技术将具有较高能量密度的锂离子电池经特殊设计和加工,制造成无人机的结构件,例如,结构梁或固定翼等,代替无人机原有的结构件,具有结构和功能一体化的效果,可以有效减轻飞机重量,满足无人机长航时的飞行要求。

目前新型锂电池主要有:①凝胶或全固态聚合物电解质锂离子电池,这种电池更加安全,可进行软包装和制成异型;②美国 Moltech 公司采用独特的薄膜技术研制出具有高比能、高放电率、安全、无污染的新型锂硫二次电池,其比能量大于 200Wh/kg,可以 8C 速率放电,可耐过充电及过放电而无须采取防护措施;③薄膜锂电池,在信息产业中作为微电子的固定或移动电源,具有广泛的应用前景,比如用于医疗器械、微传感器、微传输器、智能卡、MEMS(Micro Electronic Mechanical System,微机电系统)器件等。

二、燃料电池

一般情况下,较大型的无人机配备燃烧式发动机,使用传统燃油,如 JP-8 或混合燃油来驱动;而小型的无人机则大多使用电力发动机,一般由锂电池来驱动。随着军方对替代性能源的不断开发,使用燃料电池取代锂电池甚至内燃机来驱动的技术逐渐吸引了人们的注意。

如图 3-7 所示,燃料电池(Fuel Cell,FC)是把燃料中的化学能通过电化学反应直接转换为电能的发电装置. 按电解质分类,燃料电池一般包括质子交换膜燃料电池(Proton Exchange Membrane Fuel Cell,PEMFC)、磷酸燃料电池(Phosphoric Acid Fuel Cell,PAFC)、碱性燃料电池(Alkaline Fuel Cell,AFC)、固体氧化物燃料电池(Solid Oxide Fuel Cell,SOFC)及熔融碳酸盐燃料电池(Molten CarbonateFuel Cell,MCFC)等。以

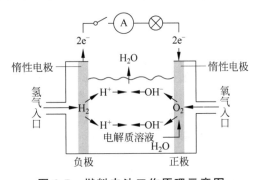

图 3-7 燃料电池工作原理示意图

质子交换膜燃料电池为例,主要部件包括膜电极组件(Membrane Electrode Assembly,MEA)、双极板及密封元件等。膜电极组件是电化学反应的核心部件,由阴阳极多孔气体扩散电极和电解质隔膜组成。电解质隔膜两侧分别发生氢氧化反应与氧化还原反应,电子通过外电路做功,反应产物为水。额定工作条件下,一节单电池工作电压仅为 0.7V 左右。为了满足一定应用背景的功率需求,燃料电池通常由数百个单电池串联形成燃料电池堆或模块。因此,与其他化学电源一样,燃料电池的均一性非常重要。燃料电池发电原理与原电池类似,但与原电池和二次电池比较,需要具备相对复杂的系统,通常包括燃料供应、氧化剂供应、水热管理及电控等子系统,其工业方式与内燃机类似,理论上只要外部不断供给燃料与氧化剂,燃料电池就可以持续发电。

燃料电池不但能量转换效率高(一般都在 40%~50%)、寿命长、比功率高,而且对环境无污染。与传统电池相比,燃料电池尺寸小、质量轻、工作时间长且安全性好;与内燃发动机相比,燃料电池噪音低、排放量小、工作高效且能支持室内作战行动。然而,燃料电池仍存在许多

缺点,包括元件价格较高,如 PEM 电池的催化剂和交换膜都是由昂贵物质制造的;另外,电池内发生反应时会发热,因此对于电池的工作温度必须加以控制以防止出现热损伤;还有,对水和空气的处理也非常关键,燃料电池运行时会产生热量和水,假如处理不当,没有及时将生成的水排出,电极很可能会被"淹死"或是出现高温,从而导致一系列问题。

美国海军实验室也在研究氢燃料电池、聚合物电解质膜燃料电池,现在已用于电动汽车,但问题是聚合物只能在低温环境下工作。同时,美国国防高级研究计划局正在关注一种能够在 80℃下运行的高温燃料电池,这种燃料电池以丙烷为原料,并且最终将使用部队中最常用的燃料 JP8(基于煤油的喷气推进燃料)为原料。

三、锂电池的使用

锂电池主要由三部分构成,即锂离子电芯、保护电路(PCM)和外壳。而锂电池的电芯又分为液体锂离子电芯和聚合物锂离子电芯。由于锂离子电池的化学特性,在正常使用过程中,其内部会进行电能与化学能相互转化的化学正反应,但在某些条件下,如其处于过充电、过放电或过电流工作状态时,电池内部将会发生化学副反应,该副反应加剧后,会严重影响电池的性能与使用寿命,因此所有的锂离子电池都需要一个保护电路,用于对电池的充、放电状态进行有效监测,并在某些条件下切断充、放电回路以防止损害电池。通常情况下,有保护电路的保护作用,锂电池的使用安全性能是较高的。在使用锂电池时应注意以下情况。

(1) 当首次对新电池充电时,应用手触摸电池外壳感觉一下温度是否过高,一般电池充电初期(1 小时内)会发热,但温度不会太高,之后温度会接近环境温度;若充电 1 小时后,电池外壳温度很高(烫手),则有可能电池过充电保护电路存在问题,为安全起见,应停止使用该电池。

(2) 谨慎选择充电器,最好选择与生产电池同厂家的产品。

(3) 建议不要频繁充电,且避免长时间充电,充满即可。

(4) 电池如果不慎摔过或被重物撞击过,请勿急于充电,一定要检查电池的外壳是否有裂纹,充电时注意电池外壳温度是否异常,以免内部保护电路损坏造成意外。

四、接线方式

电源系统需分别为无人机动力系统和电子系统提供能量,电源的分配是靠电源分配器进行的,如图 3-8 所示。对于电子系统的接线方式如图 3-9 所示。其中接收机的 SBUS 接口需要与自动驾驶仪接通,以给自动驾驶仪提供地面遥控信号。示教仪电源与电源分配器实际接线如图 3-10 所示,自动驾驶仪和接收机实际供电接线方式如图 3-11 所示。

电子调速器的供电接线方式如图 3-12～图 3-15 所示。示教仪电调实际供电连线方式如图 3-16 所示。

注意:电子调速器的供电方式是一致的,千万不能反接电源正负极。

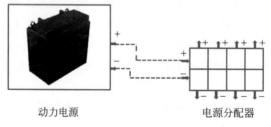

动力电源　　　　　　　　电源分配器

图 3-8　电源与电源分配器接线方式

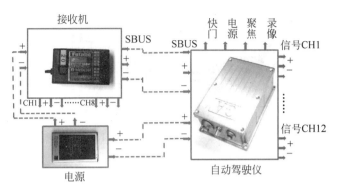

图 3-9　自动驾驶仪和接收机供电接线方式

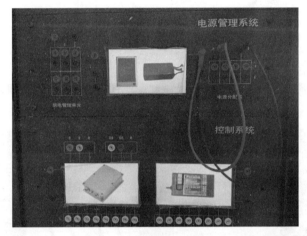

图 3-10　示教仪电源与电源分配器接线示意图

图 3-11　自动驾驶仪和接收机供电接线方式示意图

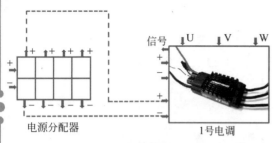

图 3-12　1 号电子调速器供电接线方式

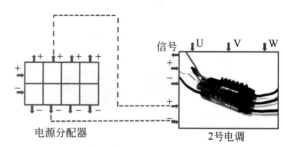

图 3-13　2 号电子调速器供电接线方式

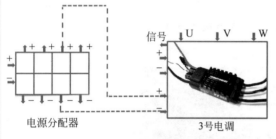

图 3-14　3 号电子调速器供电接线方式

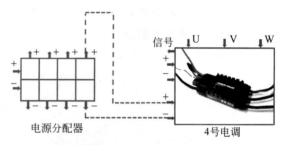

图 3-15　4 号电子调速器供电接线方式

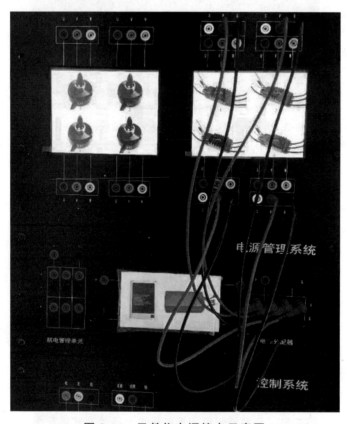

图 3-16　示教仪电调接电示意图

第三节　控 制 系 统

一、遥控模块

（一）遥控器

目前,在操控无人机时使用的是无线电遥控器,所谓无线电遥控是指利用无线电信号对远程的各种设备进行控制的技术。无线电遥控器发送的信号被远程的接收设备接收后,可以用指令去操纵远程的各种相应的机械进行动作。如发送闭合电路、移动手柄、开动电机等各种指令,之后,再由这些机械进行需要的操作。所以,各个控制信号在频率和延续的时间上都彼此不同,在船舶、飞机、导弹等海空行动的控制上应用极为广泛。

工作人员手持的遥控器实际上是发射器,无人机平台上会搭载对应的接收机,发射器将信号发送给接收机,接收机接收到信号后会根据操控指令做出对应的动作。

（二）接线方式

接收机具有多个信号输出通道,输出通道与每个电子调速器的信号控制线一一对应,接线方式决定了桨沿逆（或顺）时针方向旋转。接收机与四个电子调速器的接线方式是一致的,如图 3-17～图 3-20 所示。示教仪接收机与 4 号电子调速器实际连线如图 3-21 所示。（本接线方式为手动操控模式）

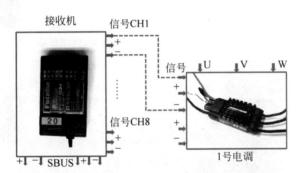

图 3-17　接收机与 1 号电子调速器接线方式

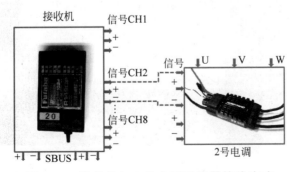

图 3-18　接收机与 2 号电子调速器接线方式

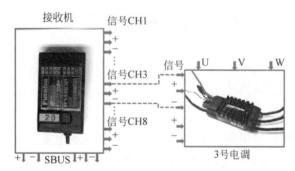

图 3-19　接收机与 3 号电子调速器接线方式

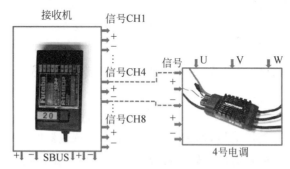

图 3-20　接收机与 4 号电子调速器接线方式

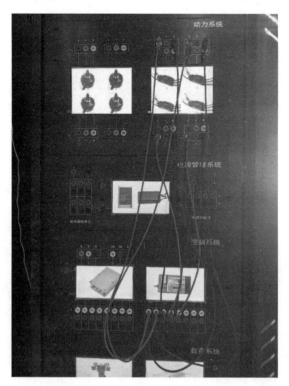

图 3-21　示教仪接收机与 4 号电子调速器接线示意图

二、自动驾驶仪

（一）自动驾驶仪原理

如图 3-22 所示，自动驾驶仪是一个典型的反馈控制系统，它可以代替驾驶员控制飞机的飞行。假设要求飞机做水平直线飞行，我们先来看看驾驶员是如何控制飞机的。比如飞机受到某种干扰（如阵风）后偏离原姿态（例如飞机抬头），驾驶员用眼睛观察到仪表板上陀螺地平仪的变化，用大脑做出决定，通过神经系统传递到手臂，推动驾驶杆使升降舵向下偏转，产生相应的下俯力矩，从而使飞机趋于水平，驾驶员从仪表盘上看到这一变化后，逐渐把驾驶杆收回原位，当飞机回到原水平姿态后，驾驶杆和升降舵面也回到原位。

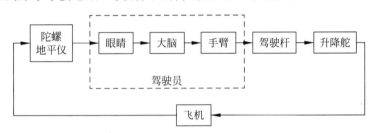

图 3-22　自动驾驶仪原理框图

与驾驶员操控飞机类似，当飞机偏离原始状态，敏感元件感受到偏离的方向和大小，输出相应信号，经放大、计算处理后，操纵执行机构（如舵机）动作，使控制面（例如升降舵面）发生相应的偏转。由于整个系统是按负反馈原则连接的，其结果是使飞机趋向原始状态。当飞机回到原始状态时，敏感元器件输出信号为零，舵机以及与其相连接的舵面也回到原位，飞机重新按原始状态飞行。由此可见，自动驾驶仪中的敏感元件、放大计算装置和执行机构可代替驾驶员的眼睛、大脑神经系统与肢体，实现自动控制飞机的飞行，这三部分是自动飞行控制系统的核心，即自动驾驶仪。自动驾驶仪与飞机组成一个回路，这个回路的主要功能是稳定飞机的姿态，或者说稳定飞机的角运动。敏感元器件用来测量飞机的姿态角，由于该回路包含了飞机，而飞机的动态特性又随飞行条件（如速度、高度等）而异。放大计算装置对各个传感器信号进行综合计算，即控制规律应满足各个飞行状态的要求，并可以设置成随飞行条件而变化的增益程序。

如果用敏感元器件测量飞机的重心位置，而飞机还包含了运动学环节（表征飞机空间位置几何关系的环节），这样组成的控制回路，简称制导回路。这个回路的主要功能是控制飞行器的飞行轨迹，如飞行高度的稳定和控制。

自超声速飞机问世后，飞行包线（飞行速度和高度的变化范围）扩大，飞机自身稳定性变差。例如，飞机自身的阻尼力矩在高空因空气稀薄而变小，阻尼比下降致使飞机角运动产生强烈的摆动，仅靠驾驶员操纵飞机较为困难。为解决这类问题，飞机上安装了角速率陀螺、迎角传感器、法向加速度计等，它们和放大器、串联舵机组成阻尼器或增稳系统，进而引入驾驶员的杆力/杆位移传感器信号，构成控制增稳系统，可以增大阻尼、改善动稳定性，增稳和控制增稳系统还可增加静稳定性和改善操纵性。飞机上安装了阻尼器和增稳系统后，就成为一架稳定性能较好的新飞机。

从控制回路的分析和设计上看，阻尼器或增稳系统是自动驾驶仪（姿态角控制回路）的内回路。但是，从工作方式上看，阻尼器或增稳系统与自动驾驶仪不同，阻尼器从飞机起飞就开始工作，这时驾驶员仍然直接操纵飞机。而自动驾驶仪则仅在飞机完成空中配平（指飞机力矩的平衡和杆力的平衡)后才能接入。此后驾驶员通过自动驾驶仪操纵台上旋钮或侧杆操纵飞机。增稳系统、控制增稳系统工作时驾驶员仍需直接参与,不符合自动飞行的定义,不属于自动驾驶仪的功能范围。

自动驾驶仪是无人机自主飞行的核心,担负着航迹规划、数据采集、控制律计算和故障检测等重要任务,决定着飞行的稳定和安全性,因此可看作高度集成的飞行管理控制系统。自动驾驶仪功能的多样性,也对设计提出了较高的要求,既要具备丰富的硬件资源与外围设备接口,还要具有较强的数据处理能力,在规定控制周期内完成导航、控制的解算。大型无人机的自动驾驶仪(简称为自驾仪)技术已日趋成熟,而小型无人机由于受到其尺寸、成本的限制,其自动驾驶仪技术已成为小型无人机领域研究的热点。适用于小型无人机的自动驾驶仪称为小型自动驾驶仪,一般由低成本的传感器以及低功耗的嵌入式处理器组成。传感器一般包括MEMS陀螺仪、MEMS加速度计、微型GPS接收机、微型气压传感器及微型磁罗盘等。这些传感器体积小,但精度较低,如何利用这些低精度传感器实现高精度自动驾驶仪成为一个关键问题。近年来,以美国为代表的西方国家投入了大量的经费研究小型自动驾驶仪及其关键器部件,使其精度有了突飞猛进的提高,且很多研究成果已转化成产品,并投入市场。

(二) 接线方式

自动驾驶仪具有最完整的控制信号输出通道,输出通道与每个电子调速器的信号控制线一一对应,接线方式决定了桨的旋转方向。本文提到的自驾仪与电调的连线方式是在电调安装了BEC的情况下的连接方式。如果自动驾驶仪在PMU独立供电的情况下,只需将电调信号线接入自驾仪即可,如图3-23~图3-26所示,自动驾驶仪与4号电子调速器示教仪实际接线如图3-27所示。

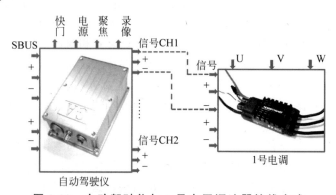

图3-23　自动驾驶仪与1号电子调速器接线方式

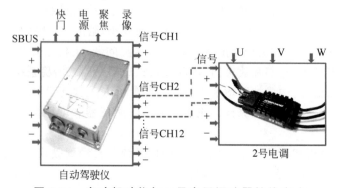

图3-24　自动驾驶仪与2号电子调速器接线方式

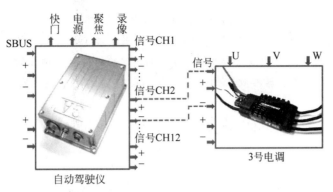

图 3-25　自动驾驶仪与 3 号电子调速器接线方式

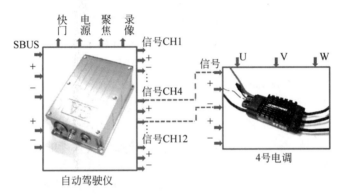

图 3-26　自动驾驶仪与 4 号电子调速器接线方式

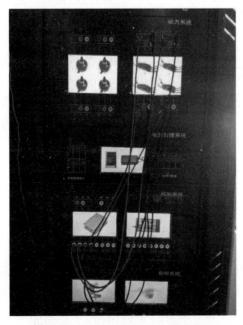

图 3-27　自动驾驶仪与 4 号电子调速器示教仪接线示意图

注意：

（1）PMU 是 power management unit 的缩写，中文名称为电源管理单元，是一种高度集成的、针对便携式应用的电源管理方案，即将传统分立的若干类电源管理器件整合在单个的封装之内，这样可实现更高的电源转换效率和更低功耗，及更少的组件数以适应缩小的板级空间。

（2）自动驾驶仪与遥控器接收机的信号不能同时接通到电子调速器。

第四节　载 荷 系 统

在无人机上搭载普通数码相机进行拍摄，机体和设备成本都比较低。较轻的设备、无搭乘人员，使得燃油消耗非常少，相比有人驾驶飞机（比如中科院航遥中心的"奖状"飞机，一次飞行作业燃油费用达数万元），仅燃油费用就可以节省大量成本。有人驾驶飞机受测区云层覆盖以及空中管制影响，等待飞行计划安排的时间远远大于实际拍摄的时间；而无人机可以灵活安排飞行计划，拍摄时间周期更短，可以节省大量人员差旅费用。

基于以上优势，无人机平台在军事和民用领域发挥着越来越重要的作用。

（1）在测绘领域，现在已有大比例尺航测任务由无人机完成，可以满足绘制 1:2000 比例尺地形图的需要。由于成本低，原来通常只有省、市一级的测绘单位才能进行的测绘工作，利用无人机技术，在区县一级单位也可以展开。无人机用户也由测绘部门扩展到房地产、园林规划、公安缉毒等非测绘部门。

（2）在减灾救灾领域，基于无人机平台的航空影像已经在我国的汶川地震、玉树地震和舟曲特大泥石流灾害的灾情调查中发挥了重要作用。2008 年 5 月汶川地震发生后，灾区长时间被云层覆盖，利用卫星和传统的航空飞机均无法获得清晰的地面影像，中科院遥感所利用无人机成像系统，在云层以下获取了灾区的高分辨率地面影像，为迅速查明受灾情况，做出正确的救灾决策做出了突出的贡献，充分体现了无人机飞行高度低（可在 500m 高空工作）、飞行方式灵活（不需要专用的机场）的优势。目前我国民政部国家减灾中心已经在全国设立了 5 个省级无人机航空遥感中心，针对灾害多发地区建立了无人机航拍快速响应机制。在 2011 年 3 月发生的云南盈江地震，灾后 1 周内就获得了当地的 0.1m 航拍数据，为灾情的快速评估发挥了重要作用。

（3）在军事领域，在波黑、科索沃、阿富汗反恐等战争中，美军利用无人机执行了上千小时的飞行任务，在侦察、监视、目标捕获、跟踪制导、战场管理、炮兵火力支援和空袭后的目标毁伤评估等方面都发挥了极其重要的作用。随着成像设备性能的提高，在军事侦察、战场评估方面无人机将发挥更大的作用。

（4）在影像产品领域，小型无人机光学影像遥感载荷能够获取或生产高分辨率正射影像、高分辨率倾斜影像、高分辨率地表高程、三维地物模型、全景图像等。

一、光学相机

无人机光学相机按成像波段可分为全色（黑白相片）、可见光（彩色相片）、红外和多光谱传感器。按成像方式可分为线阵列和面阵列（框幅式）传感器。按相机用途可分为量测式相机和非量测式相机。由于无人机受到载荷和成本的限制，往往采用非量测式可见光（RGB 三通道波段）的框幅式相机，即一般的市面上常用的卡片机或单反相机。

无人机框幅式传感器的测绘原理为小孔成像原理，如图 3-28 所示。在摄影测量中得到广泛使用的解析关系式是共线条件方程,像点 a 与像点 a 对应的地面点 A 和相机透镜中心 S,三点在空间同一条直线上,如果已知相机的内参数和相机外方位(位置和姿态),就可以利用相片的像点 a,利用共线条件方程公式,见式 3-1～式 3-3,进行立体交会从而可以求出感兴趣的地面坐标 A。

$$x - x_0 = -f \frac{a_1(X - X_s) + b_1(Y - Y_s) + c_1(Z - Z_s)}{a_3(X - X_s) + b_3(Y - Y_s) + c_3(Z - Z_s)} = -f \frac{\overline{X}}{\overline{Z}} \tag{3-1}$$

$$y - y_0 = -f \frac{a_2(X - X_s) + b_2(Y - Y_s) + c_2(Z - Z_s)}{a_3(X - X_s) + b_3(Y - Y_s) + c_3(Z - Z_s)} = -f \frac{\overline{X}}{\overline{Z}} \tag{3-2}$$

$$\begin{bmatrix} \overline{X} \\ \overline{Y} \\ \overline{Z} \end{bmatrix} = \begin{pmatrix} a_1 & b_1 & c_1 \\ a_2 & b_2 & c_2 \\ a_3 & b_3 & c_3 \end{pmatrix} \begin{bmatrix} X - X_s \\ Y - Y_s \\ Z - Z_s \end{bmatrix} = \boldsymbol{R}^{-1} \begin{bmatrix} X - X_s \\ Y - Y_s \\ Z - Z_s \end{bmatrix} \tag{3-3}$$

如图 3-28 所示,其中像点 a 坐标为 (x, y),对应像平面上主点为 (x_0, y_0),地面点 A 坐标为 (X, Y, Z),坐标 (X_s, Y_s, Z_s) 为相机透镜位置,R 为旋转矩阵,用于确定相机姿态。地面点 A 和像点 a 通过传感器联系到一起。

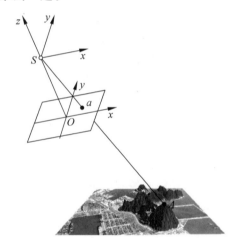

图 3-28　框幅式传感器成像原理——共线条件方程

无人机遥感虽然与传统摄影测量的方式近似,但也有如下几个特点。

(1) 传感器镜头的畸变;

(2) 传感器平台稳定性差;

(3) 获取的影像像幅小、重叠率大、数量多等。

无人机一般对载荷有要求,故传感器重量不可能太大,往往使用的是非量测相机,造成相机存在严重的畸变差,如采用传统的摄影测量方式需要对其进行校正。校正方法可以采用室内相机标定的方法,求出畸变模型的系数。

常用的畸变模型系数见式 3-4。

$$\begin{pmatrix} x_d \\ y_d \end{pmatrix} = L(\tilde{r}) \begin{pmatrix} x \\ y \end{pmatrix} + \begin{pmatrix} p_x \\ p_y \end{pmatrix} \tag{3-4}$$

其中,$(x, y)^{\mathrm{T}}$ 表示无畸变的理想像方坐标;(x_d, y_d) 表示包含畸变的像方坐标;$\tilde{r} = \sqrt{x^2 + y^2}$ 表示径向距离;$L(\tilde{r}) = 1 + k_1 \tilde{r}^2 + k_2 \tilde{r}^4 + k_3 \tilde{r}^6$ 表示径向畸变;$p_x = 2p_1 xy +$

$p_2(\tilde{r}^2+2x^2)$，$p_y=p_1(\tilde{r}^2+2y^2)+2p_2xy$ 表示切向畸变。

检校完成后，将每张相片带入畸变模型中，即可完成内参数检定，得到像点在像平面坐标系下的坐标。

近年来，由于计算机视觉技术的发展，通过 SFM(Structure From Motion)技术，可以在无人机影像处理和相片三维建模过程中，将相机内参数作为附属信息同时标定出来。在无检校参数同时精度要求不高的情况下，可以进行无人机相机的标定。

二、云台

无人机与传统飞机不同，多在低空飞行，由于其重量轻，同时受到低空对流层风的影响，往往造成飞行平台不稳定，相片倾斜角和旋偏角较普通相机更大。由于飞行平台的不稳定性，无人机影像全自动匹配会存在以下 3 个难点。

(1) 相邻影像间的左右重叠度和上下重叠度变化大，加上低空遥感影像摄影比例尺大，造成表面不连续地物(如高楼)在影像上的投影差大，因而无法确定匹配的搜索范围；

(2) 相邻影像间的旋偏角大，难以进行灰度相关；

(3) 飞行器的飞行高度、侧滚角和俯仰角变化大，从而导致影像间的比例尺差异大，降低了灰度相关的成功率和可靠性。因此，数字摄影测量中常用的各种灰度相关匹配方法很难胜任低空遥感影像的全自动匹配。另外，传统摄影测量，无法在姿态角度过大时解决存在的影像建模不收敛情况。故传统的近似垂直摄影测量无法满足无人机影像数据处理的要求。

云台是实现目标物体姿态控制的装置，按轴数分为双轴云台和三轴云台；按控制类型分为手控云台和自控云台；按控制原理方式分为数控云台、舵控云台、传感器自控云台等类型。云台基本工作原理：发送指令信号→电机按指令转动→实现目标物体姿态调整。指令信号是人为手动控制，还是让传感器(或编制的程序)自动控制，其传输方式是有线还是无线，执行调整的是大功率电机还是小功率电机，是精密控制的伺服电机、步进电机还是普通交流、直流电机，不同指标组合产生不同类型的云台。

航拍、空中巡航监控以及系留空中平台大多数必须使用云台控制其方向。对于航拍而言，不但要求能控制摄像机或照相机的方向，同时还应具备控制镜头变焦和相机快门功能。

三、接线方式

对于相机和云台，主要由自动驾驶仪控制。其接线方式如图 3-29～图 3-32 所示。

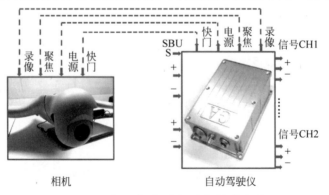

图 3-29　相机与自动驾驶仪接线方式

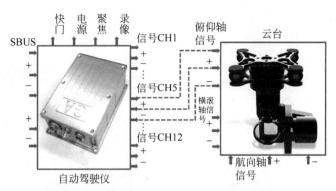

图 3-30　自动驾驶仪与云台俯仰轴接线方式

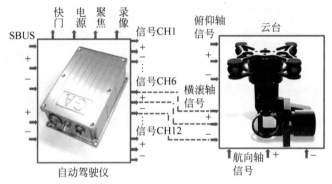

图 3-31　自动驾驶仪与云台横滚轴接线方式

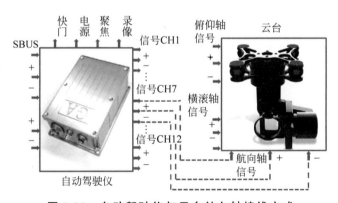

图 3-32　自动驾驶仪与云台航向轴接线方式

云台一般分为两轴云台和三轴云台,以三轴云台为例,三轴云台包含三个轴,由自动驾驶仪分别控制。(本书以市面常见的三轴云台为例,每个轴里装有一个电机控制角度,三轴云台每个轴向均需接入正线、地线、信号线。现在也有通过 PMU 独立供电的云台,在连线时只需接入信号线即可)。示教仪相机与自驾仪实际接线如图 3-33 所示,示教仪云台与自驾仪实际接线如图 3-34 所示。

图 3-33　示教仪相机与自驾仪接线示意图

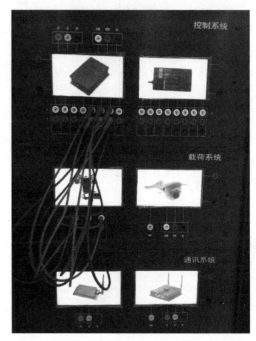

图 3-34　示教仪云台与自驾仪接线示意图

第 四 章　飞行练习机的组装和调试

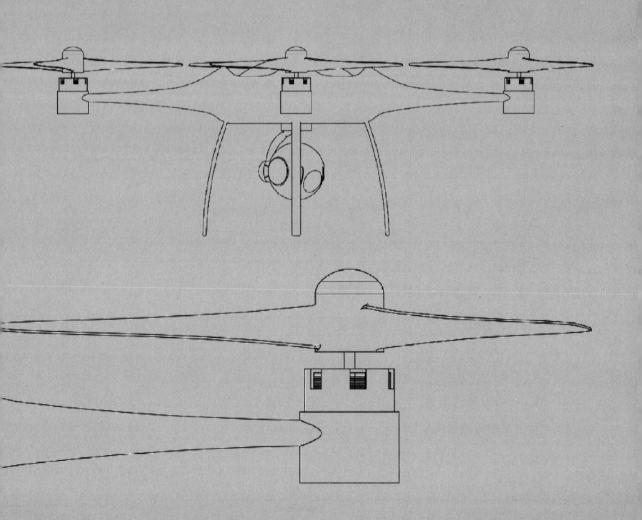

第一节 飞行练习机介绍

一、概述

　　飞行练习机的整体结构经过了专业的受力分析,机架一般采用玻纤维材质,轻便、坚固,能够承受高强度的飞行练习。飞行练习机轴距300mm,采用正X形结构布局。飞控采用开源飞控,后期学员可进行更深层次的飞控功能拓展,是一款适合新手入门的组装、调试、飞行练习使用的最佳机器。

二、飞行练习机组成

(一)机架组成

　　机架组成如图4-1所示。

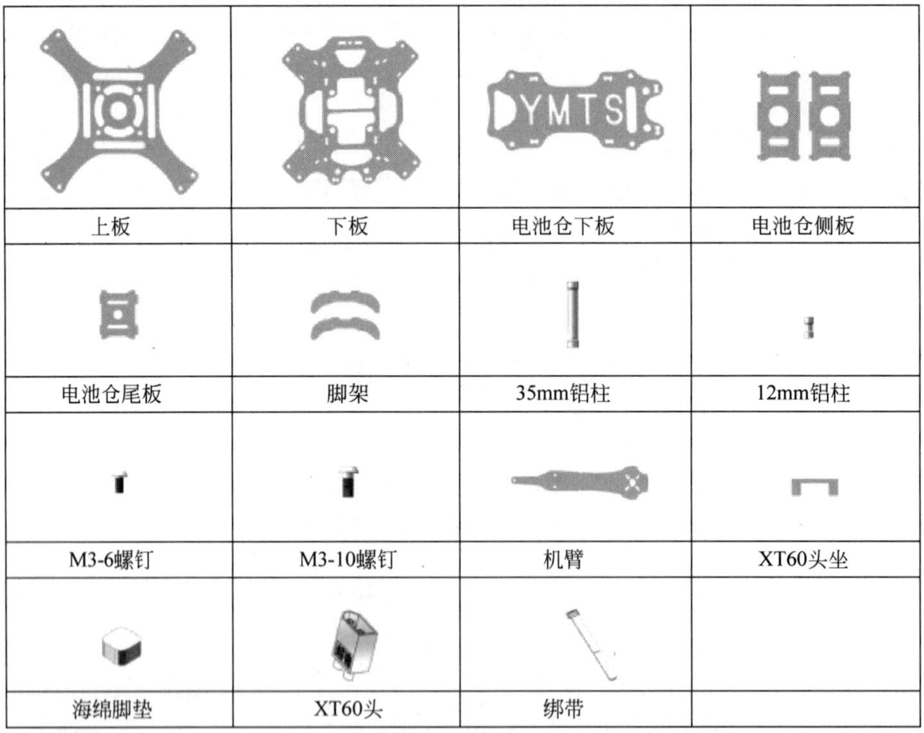

上板	下板	电池仓下板	电池仓侧板
电池仓尾板	脚架	35mm铝柱	12mm铝柱
M3-6螺钉	M3-10螺钉	机臂	XT60头座
海绵脚垫	XT60头	绑带	

图 4-1　机架的组成

(二)动力系统组成

　　动力系统组成如图4-2所示。

桨叶×4	电调×4	无刷电机正×2	无刷电机反×2	分电板×1

图 4-2　动力系统的组成

（三）控制系统组成

控制系统组成如图 4-3 所示。

主控×1	舵机线×1	USB调参线×1

图 4-3　控制系统的组成

（四）遥控控制组配件

遥控控制组配件如图 4-4 所示。

FS-16遥控器×1

FS-IA6B接收机×1　　双频线×1　　FS-16说明书×1

图 4-4　遥控控制组配件

（五）组装工具及附件

练习机组装工具包括六棱角螺钉旋具一套、斜口钳一把、尖嘴钳一把、剪刀、电烙铁、热风枪,如图 4-5 所示。

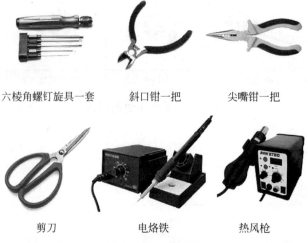

六棱角螺钉旋具一套　　　斜口钳一把　　　尖嘴钳一把

剪刀　　　　　电烙铁　　　　　热风枪

图 4-5　组装工具

附件包括尼龙扎带、螺钉胶、4mm 热缩管、焊锡丝、助焊剂,如图 4-6 所示。

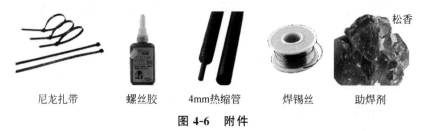

松香

尼龙扎带　　　螺丝胶　　　4mm热缩管　　　焊锡丝　　　助焊剂

图 4-6　附件

第二节　飞行练习机组装

一、机身组装

(1) 使用 M3-10 螺钉将脚架、电池仓下板、35mm 铝驻固定在一起,如图 4-7 所示,细节图如图 4-8 所示。

图 4-7　机身组装

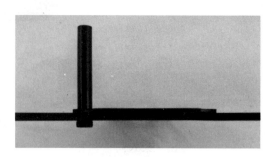

图 4-8　细节图

组成后的底部视觉图,如图 4-9 所示。

(2) 在电池仓侧板(前、左、右)预装入电池仓下板(电池仓部分细节采用拼插式结构),如图 4-10 所示。

(3) 将沉头螺母嵌入指定圆孔并使用螺钉胶将其固定,如图 4-11 所示。

(4) 装好电池仓上板,如图 4-12 所示。

(5) 架入同一侧的两条机臂,如图 4-13 所示。

(6) 搭入夹板(如图 4-14 所示),并用螺钉将 12mm 铝柱固定在机臂上(如图 4-15 所示)。

(7) 按同样的方式安装最后两条机臂,如图 4-16 所示。

图 4-9　底部视觉图

图 4-10　装入电池仓下板

图 4-11　固定沉头螺母

图 4-12　组装电池仓上板

图 4-13　架入同一侧的两条机臂

图 4-14　搭入夹板

图 4-15 将铝柱固定在机臂上

图 4-16 安装最后两条机臂

二、动力系统及控制系统安装

（1）焊接分电板。焊接分电板，如图 4-17 所示。

（2）将分电板固定在指定位置，如图 4-18 所示为电池前仓面板一侧，为机头方向。可根据实际情况安排，如果想后期安装机尾灯，可将电池前仓面板一侧设为机尾方向。

图 4-17 焊接分电板

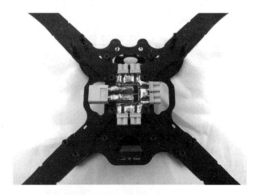

图 4-18 固定分电板

（3）如图 4-19 所示，修整海绵泡沫并将其覆盖在分电板之上，起到缓冲作用以防止工作中遇到的震动、撞击等问题，避免损坏设备。

图 4-19 修整海绵泡沫并将其覆盖在分电板之上

（4）焊接电机与电调。焊接电机香蕉头,利用前期所学知识与技能,将电机和电调的香蕉头焊接完成,注意公头和母头的焊接方式,如图 4-20～图 4-23 所示。

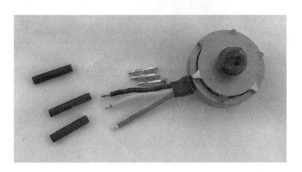

图 4-20　焊接电机香蕉头

图 4-21　电机焊接完毕

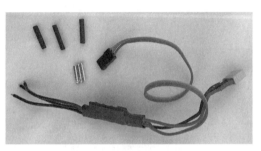

图 4-22　焊接电调香蕉头

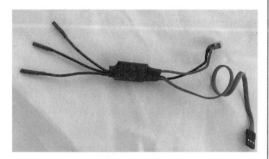

图 4-23　电调焊接完毕

（5）组装电机,如图 4-24 所示。

注意：左上角和右下角的电机是正转电机,即安全帽为顺时针旋开的电机,其余两个安装反转电机,即安全帽为逆时针旋开的电机。在无刷电机中,一般黑帽是正转电机,银帽是反转电机。紧固电机螺钉如图 4-25 所示。

图 4-24　组装电机

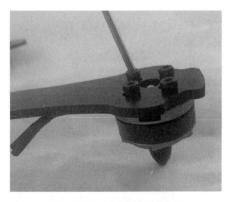

图 4-25　紧固电机螺钉

（6）安装电调,如图 4-26 所示,并连接电机电调接线(电调的三根输出线在飞行练习机组装前期可不分先后,随意接入电机输入线即可,如图 4-27 所示,后期调参时依照旋转效果再做调整)。

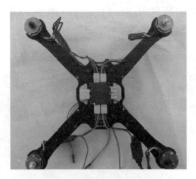

图 4-26　安装电调

图 4-27　连接电调接线

将电机电调连接好后需进行标序,机头左侧机臂电机电调为 1 号,顺时针依次为 2 号、3 号、4 号(如图 4-28 所示)。

(7) 用 3M 胶将飞控安装在中心板正中间,放置 3M 胶如图 4-29 所示,放置飞控如图 4-30 所示。

(8) 预设中心板,连接电调杜邦线与飞控(如图 4-31 所示)。

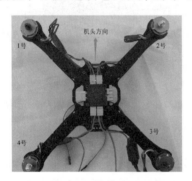

图 4-28　为电机电调标序

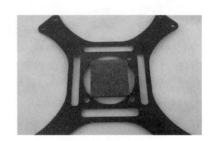

图 4-29　放置 3M 胶

图 4-30　放置飞控

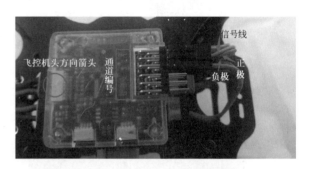

图 4-31　连接飞控与杜邦线

注意:飞控箭头指示方向一定冲着机头方向! 飞控插针一侧有阿拉伯数字 1～6 的编号,编号对应电调编号,接入时 1 号电调杜邦线接飞控 1 通道插针,橙色或白色或黄色等颜色较鲜艳的线为信号线,接在顶端信号端,中间插针为电源"＋"极,低侧插针为电源"－"极。

（9）布线。在组装时布线要根据飞行器结构整体设计布线模式进行,好的布线可以使整个飞行器看起来更加整洁美观,最主要的是可以避免凌乱的线路导致飞行器练习机在飞行中出现意外甚至炸机(如图 4-32 所示)。

注意:布线没有统一的步骤要求,在组装中应根据整体结构,在合适的时间、采用合适的方式进行整体布线,布线完成后如图 4-33 所示。

图 4-32　布线

图 4-33　布线完毕

三、接收机安装

1. 飞控线分组

飞行练习机使用的飞控配备飞控线共有 6 组线组成。其中,有一组是由红、白、黑三根线组成的,我们将这组线编号为"1",根据顶部白色插头的顺序依次为 2～6 号线组。

1 号线组白线为信号线,红线为正极,黑线为地线(负极),2～6 号线组均为信号线,如图 4-34 所示。

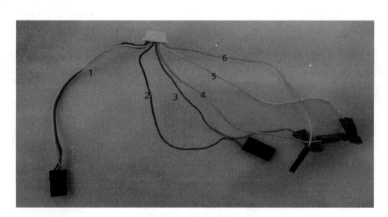

图 4-34　信号线顺序

2. 连接接收机

如图 4-35 所示,接收机一侧同样也有编号,每组编号都有对应的三列插针,靠近编号的一列为信号线,中间一列为正极,最底一列为负极。根据这一布局,飞控线按照 1～6 对应编号接入接收机。

3. 连接飞控与接收机

将布线后的飞控线白色插头一端插入飞控接口(如图 4-36 所示),连接好后将接收机固定在机身一侧,并固定好接收天线(如图 4-37 所示)。

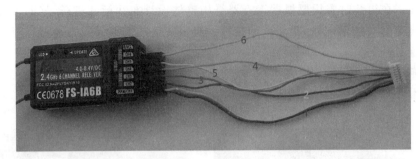

图 4-35 连接接收机

图 4-36 将飞控线白色插头一端插入飞控接口

图 4-37 将接收机固定在机身一侧并固定好接收天线

连接好所有的线路之后,在脚架处粘贴海绵脚垫,可以在起飞和降落时起到缓冲作用(如图 4-38 所示)。

4．遥控器设置

(1) 对频

将对频线插在接收机的 B/VCC 通道上,将 PMU 的输出线与接收机 CH1 连接。应在通电

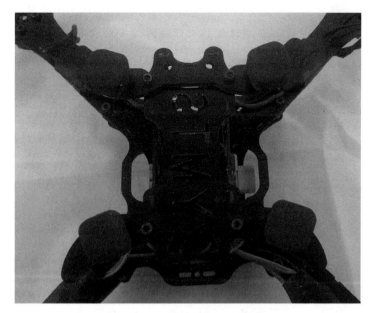

图 4-38　在脚架处粘贴海绵脚垫

前确保焊接线路无短路，然后插上动力电池，接收机红灯长闪，长按遥控器的对频按键打开遥控器，当屏幕上出现"OK"字样时就可以拔掉对频线（开遥控器前应把各比例开关拨到最上方，油门杆拉到最低）。

后期使用遥控器过程中，如果打开遥控器出现"嘀嘀"报警音，则可把所有拨挡开关拨到最上方，油门杆拉到最底。

（2）遥控器设置

长按遥控器 OK 键进入菜单选择，按 DOWN 键选择 Functions setup 并按 OK 键进入。用 UP 键与 DOWN 键控制箭头上下选择。

① CH5 通道反向：选择 Reverse 并按 OK 键进入，然后按 OK 键选择到 CH5，将 5 通道调到 Rev 模式，长按 CANCEL 键保存并退出。

② CH5 通道比例开关和输出比例设置（用于飞行模式切换 GPS/姿态/手动）：选择 Aux channels 并按 OK 键进入，然后按 OK 键选择 5 通道，用 UP 与 DOWN 键控制箭头上下选择 SWC 作为 5 通道比例开关，长按 CANCEL 键保存并退出。

选择 End points 并按 OK 键进入，然后按 OK 键选择 CH5 通道，将百分数改成 72％和 66％，长按 CANCEL 键保存并退出。

选择 Subtrim 并按 OK 键进入，然后按 OK 键选择 CH5 通道，长按 DOWN 键，使中立点向左偏移 10 小格，长按 CANCEL 键保存并退出遥控器设置。

第三节　飞控参数调试

一、飞控调试

在调参前首先准备好计算机、飞行器、数据线、动力电池等所需设备及附件，并将飞行器放置在尽可能水平的地方，如图 4-39 所示。

注意：在调试前将连接线一端与四旋翼飞行器连接，而 USB 连接线另一端不要与计算机连接；不要将飞行器接通电源。在调试过程中仔细阅读安装向导，需要连接线路的时候会有向导提示。

图 4-39　调参前首先准备好所需设备及附件

（1）单击桌面"地面站"图标，打开调试软件，如图 4-40 所示。

图 4-40　进入调试软件

（2）单击右上角绿色图标，如图 4-41 所示。

（3）注意看红框内红色字体"警告"，提示现在进行的调试一定要保证是在没有安装螺旋桨的情况下进行的。然后单击"下一步"按钮，如图 4-42 所示。

（4）接下来的操作过程要注意以下两点。

① 操作前保证连接线与飞控已连接好。

② 电池电源断开。

然后单击"Upgrade"按钮。并且在下方缓冲条缓冲结束前，将连接线插入计算机 USB 接口，如图 4-43 所示。

（5）提示更新完毕后，单击"下一步"按钮，如图 4-44 所示。

图 4-41　单击右上角绿色图标

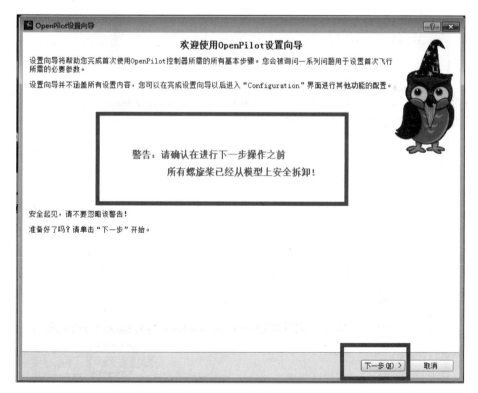

图 4-42　注意警告内容再单击"下一步"按钮

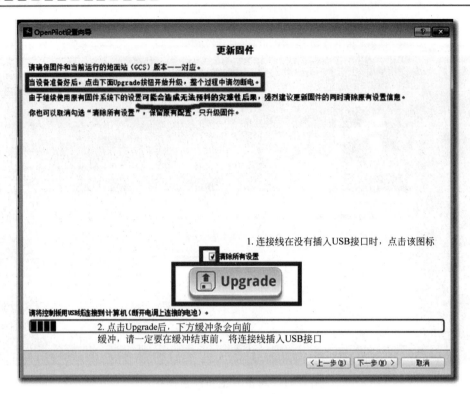

图 4-43　单击 Upgrade 按钮

图 4-44　更新固件并单击"下一步"按钮

（6）注意看向导提示文字，如果设备连接类型和设备型号没有问题，请单击"下一步"按钮，如图 4-45 所示。

图 4-45 OpenPilot 设备识别并单击"下一步"按钮

如果在"设备型号"下拉框内显示"未知设备"，请检查连接线是否已连接好，否则单击"连接设备"按钮，如图 4-46 所示，正常显示设备型号后，再单击"下一步"按钮。

图 4-46 单击"连接设备"按钮后单击"下一步"按钮

（7）单击选中 PWM 选项后单击"下一步"按钮，如图 4-47 所示。

图 4-47　选中 PWM 选项后单击"下一步"按钮

（8）选中"多旋翼飞行器"选项，单击"下一步"按钮，如图 4-48 所示。

图 4-48　选中"多旋翼飞行器"选项后单击"下一步"按钮

（9）单击"选择多旋翼飞行器类型"下拉按钮选择"X 型四旋翼"选项，单击"下一步"按钮，如图 4-49 所示。

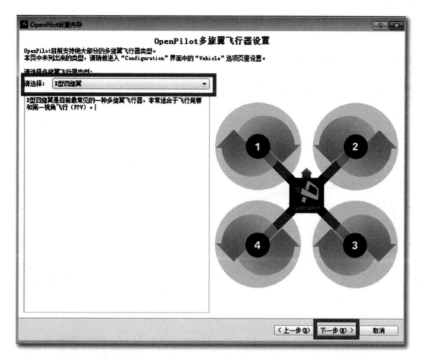

图 4-49　选择"X 型四旋翼"选项并单击"下一步"按钮

（10）选中"高速电调"选项，单击"下一步"按钮，如图 4-50 所示。

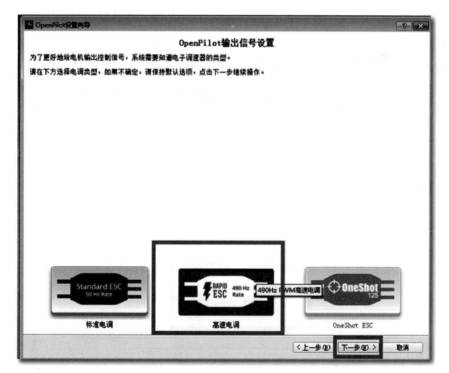

图 4-50　选中"高速电调"选项并单击"下一步"按钮

（11）在弹出的对话框中提示飞行器的设置概要，单击"下一步"按钮，如图 4-51 所示。

图 4-51　提示飞行器设置概要

（12）在弹出的对话框中提示需要将飞行器放在水平的地方，单击"Calculate"按钮，如图 4-52 所示。

图 4-52　飞行器传感器校准

（13）提示传感器校准完成之后，单击"下一步"按钮，如图 4-53 所示。

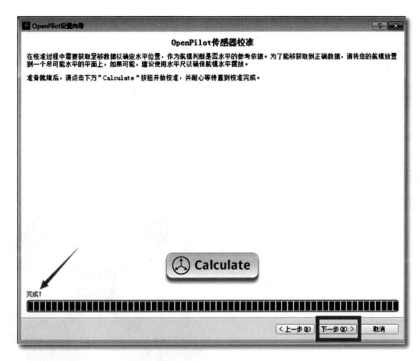

图 4-53 提示传感器校准完成

（14）仔细阅读向导提示文字，严格按照提示进行操作。注意应选中中间部分三个复选框。调试结束之后单击"下一步"按钮，如图 4-54 所示。

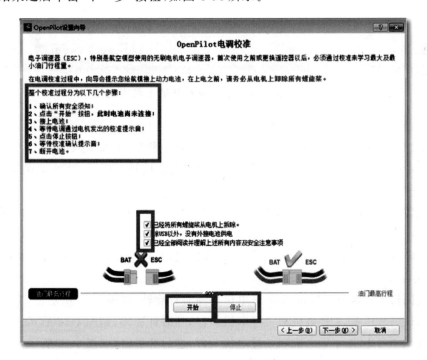

图 4-54 飞行器电调校准

（15）进行电机输出校准。注意向导再次提示将所有螺旋桨在电机上移除！同时提示"插上动力电池"，插上电源后，确定无问题单击"下一步"按钮。

如图4-55所示已经给飞行器电机编号，其中"1""2"号为机头方向，现在需要看一下飞行器，按照图片格式，将飞行器电机对应编号。

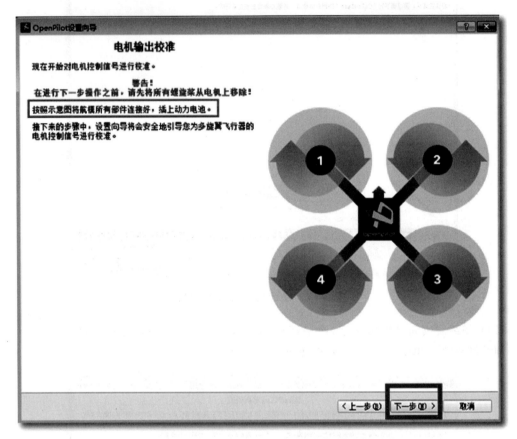

图4-55　给飞行器电机编号并插上动力电池

（16）校准1号电机并注意以下几点。

① 单击"开始"按钮后向右拖动滑动条，直至1号电机转动，如图4-56所示。再单击"关闭"按钮，重新单击"开始"按钮，查看飞行器1号电机是否旋转，目的是需要调节出电机最小的输出值。单击"开始"按钮电机一般会正常旋转。

② 电机转动时，观察四旋翼飞行器的1号电机轴是否按照设置向导所提示的按顺时针方向旋转。

③ 如果电机轴不是顺时针转动，应停止电机转动，并拔下电机的任意两根线进行位置对换，则会改变电机转向。

（17）按同样方式调节2号电机，2号电机是逆时针旋转，如图4-57所示。

（18）调试3号电机，3号电机和1号电机一样，顺时针旋转，如图4-58所示。

（19）调试4号电机，4号电机和2号电机一样，逆时针旋转，如图4-59所示。

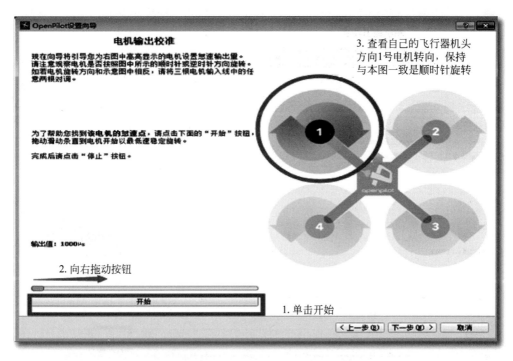

图 4-56　单击"开始"按钮并向右拖动滑动条

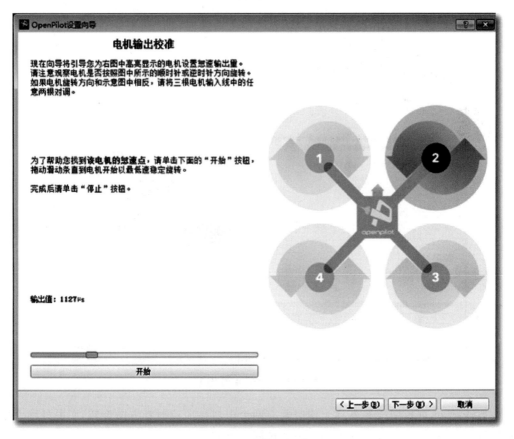

图 4-57　调节 2 号电机

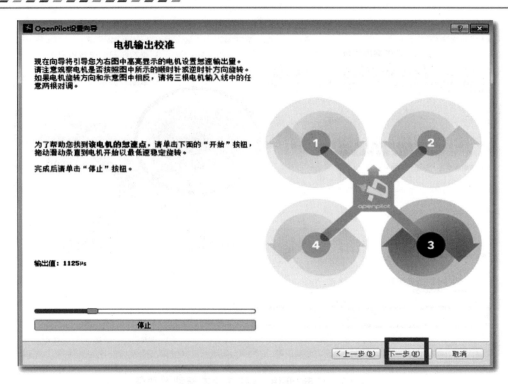

图 4-58　调试 3 号电机

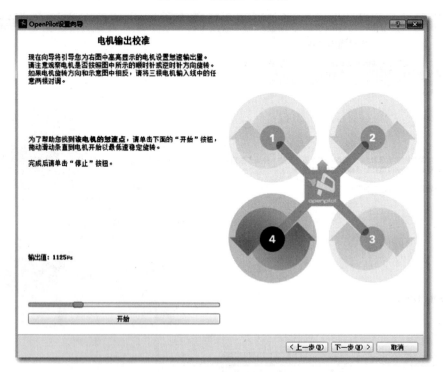

图 4-59　调试 4 号电机

一般情况下,四旋翼飞行器在工作时要有两个电机按照顺时针方向旋转,而另外两个电机按逆时针方向旋转,并且保证对称的一组是按同一方向旋转。

（20）系统默认"维持现有参数"保持不变，单击"下一步"按钮，如图 4-60 所示。

图 4-60　维持现有参数

（21）Save 按钮保存设置，结束后按照提示单击"下一步"按钮，如图 4-61 所示。

图 4-61　单击 Save 按钮保存设置

（22）单击中间绿色方块或者"完成"按钮，如图 4-62 所示。进入对遥控器的调试步骤。

图 4-62　单击中间绿色块或者"完成"按钮开始对遥控器的调试

二、对遥控器的调试

（1）选中窗口左侧第三个遥控图标选项，单击"下一步"按钮，如图 4-63 所示。

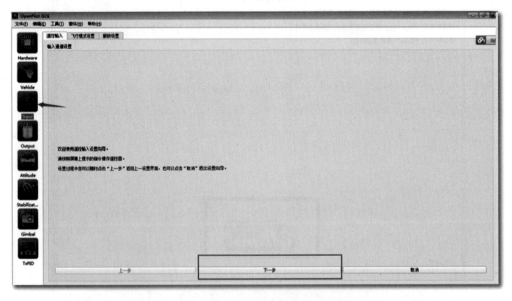

图 4-63　选中窗口左侧第三个遥控图标选项

（2）选中"固定翼和多旋翼飞行器"单选按钮，如图 4-64 所示，再单击"下一步"按钮。

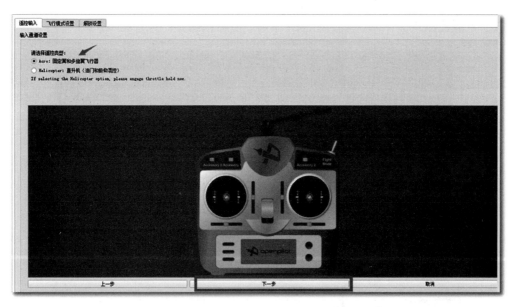

图 4-64　选中"固定翼和多旋翼飞行器"单选按钮

（3）选择遥控器模式，如图 4-65 所示，选中"模式 2：左手控制油门和方向舵，右手控制升降舵和副翼"，模式 2 即常说的"美国手"。

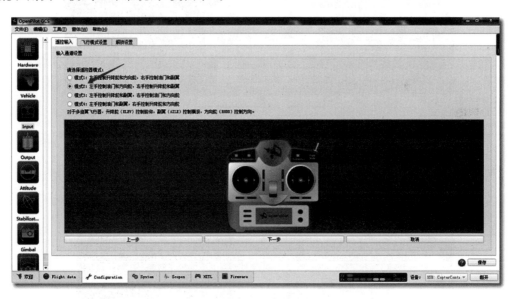

图 4-65　选择模式 2

（4）拿出遥控器，打开开关，按照向导动画中拨杆的动作，做出同样的动作操纵自己的遥控器。对于右上角的拨挡开关选择遥控器的 SWC 挡，如图 4-66 所示。

注意：当提示拨动遥控器上方三个按钮时，均在计算机上选择"跳过"选项。

（5）将遥控器各个操纵杆打到居中位置，单击"下一步"按钮，如图 4-67 所示。

（6）将遥控器各个操纵杆打到最大限度（沿轮毂画圈），单击"下一步"按钮，如图 4-68 所示。

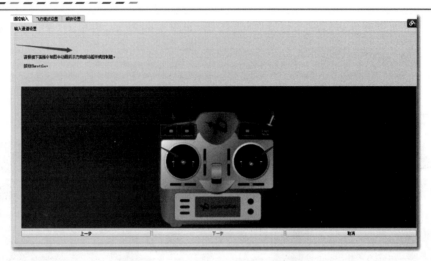

图 4-66　按向导提示操纵遥控器

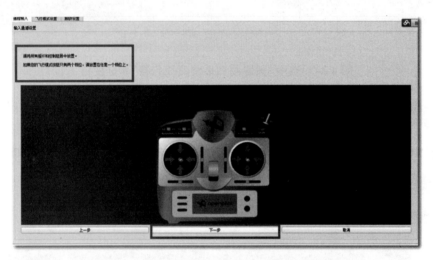

图 4-67　将遥控器各个操纵杆打到居中位置

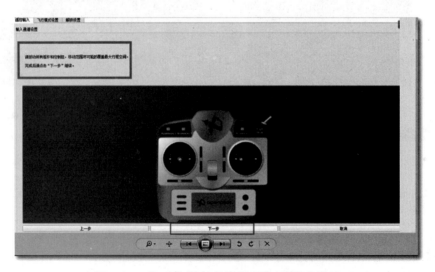

图 4-68　将遥控器各个操纵杆打到最大限度

（7）按照顺序依次拨动各通道摇杆，比较计算机动画中的摇杆动作是否与自己操纵的摇杆动作一致，如果动作相反，请在遥控器上进行设置，不要在计算机上进行操作。

遥控器设置通道正反步骤：长按 OK 键→按 DOWN 键选择 Functions setup→按 OK 键进入 Reverse→按 OK 键选取对应通道→按 DOWN 键调节舵项正反→长按 CANCEL 键保存，如图 4-69 所示。

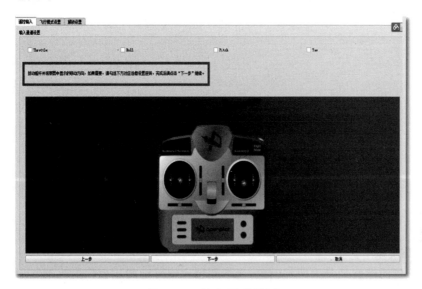

图 4-69　输入通道设置

（8）对遥控器校准结束，轻轻拨动遥控器控制杆或控制钮，观察与动画运作是否完全一致。若没有问题，单击"下一步"按钮，如图 4-70 所示。

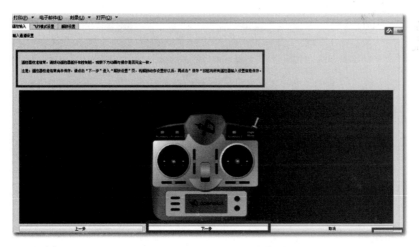

图 4-70　对遥控器校准结束

（9）解锁设置。飞控上锁是无人机的一种保护措施，防止误碰遥控器摇杆导致电机旋转从而造成安全隐患，所以，要选择一种解锁模式以便在正常工作前对飞控解锁（一般选择第 7 和第 8 选项，采用油门关闭加副翼打到左下角或右下角解锁方式）。单击下拉菜单选择任一种"解锁模式"，间隔时间设为 5s 或 10s 即可。完成之后单击"保存"按钮退出程序，如图 4-71 所示。

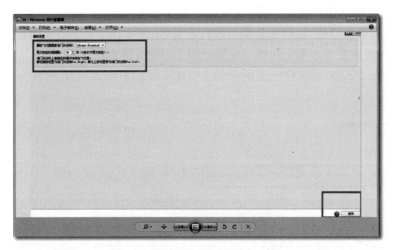

图 4-71　解锁设置

第四节　试　　飞

1. 安装螺旋桨

飞行练习机的螺旋桨分为两种颜色,选取颜色比较鲜艳的颜色作为机尾处螺旋桨,便于在飞行时区分机头和机尾,如图 4-72 所示。

装配原则:在机头左上角和右下角安装顺时针旋转的螺旋桨,在其余位置安装逆时针旋转的螺旋桨。

注意:安装后一定使用工具牢牢固定子弹头。

图 4-72　安装螺旋桨

2. 安装电池扎带

在机尾处电池仓后侧安装电池扎带,如图 4-73 所示。

3. 试飞

试飞一定在安全防护网内进行,如果没有安全防护网,需在开阔地带试飞,并确保场地内无闲杂人员。试飞员要严格按照飞行要求进行试飞。

操作步骤及注意事项如下。

(1)检查飞行器螺旋桨安装是否牢固;

图 4-73　安装电池扎带

（2）打开遥控器电源→接通飞行器电源→相关人员撤到安全距离以外（一般 5m 左右）；

（3）飞控解锁后要轻推油门观察飞行器。若飞行器顺利飞离地面,则可继续在小范围内飞行；

（4）试飞过程中如出现意外,一定要在第一时间降落飞行器；

（5）确保所有人员安全,应遵循安全第一、规范操作的原则。

参考文献

[1] 吴森堂.飞行控制系统[M].北京：北京航空航天大学出版社,2013

[2] 段连飞,章炜,黄瑞祥.无人机任务载荷[M].西安：西北工业大学出版社,2017

[3] 鲁储生等,无人机组装与调试[M].北京：清华大学出版社,2019

[4] 王宝昌.无人机航拍技术[M].西安：西北工业大学出版社,2017

[5] 郭学林.航空摄影测量外业[M].郑州：黄河水利出版社,2011

[6] 张宇雄.电动模型飞机动力系统配置[M].北京：北京航空航天大学出版社,2015

[7] 于坤林,陈文贵.无人机结构与系统[M].西安：西北工业大学出版社,2016(2018重印)

[8] 邓非,闫利.摄影测量实验教程[M].武汉：武汉大学出版社,2012

[9] (美)TerryKilby & Belinda Kliby著;姚军等译.自己动手制作无人机[M].北京：机械工业出版社,2017

[10] (法)鲁道夫·乔巴尔著;吴博译.玩转无人机[M].北京：人民邮电出版社,2015

[11] 鲍凯.玩转四轴飞行器[M].北京：清华大学出版社,2015

[12] 贾玉红.航空航天概论[M].北京：北京航空航天大学出版社,2013

[13] 段连飞.无人机图像处理[M].西安：西北工业大学出版社,2017

[14] 美国Make杂志编辑编;陈立畅等译.爱上无人机：原料结构、航拍操控与DIY实例精汇[M].北京：人民邮电出版社,2017

[15] 万刚等.无人机测绘技术及应用[M].北京：测绘出版社,2015

[16] 王永虎.直升机飞行原理[M].成都：西南交通大学出版社,2017

[17] 孙毅.无人机驾驶员航空知识手册[M].北京：中国民航出版社,2014

[18] 杨华保.飞机原理与构造[M].西安：西北工业大学出版社,2016.

[19] 贾忠湖.飞行原理基础[M].北京：国防工业出版社,2016.

[20] 邢琳琳.飞行原理[M].北京：北京航空航天大学出版社,2016.

[21] 刘星,司海青,蔡中长.飞行原理[M].北京：科学出版社,2016.

[22] 杨浩,城堡里学无人机原理、系统与实现[M].北京：机械工业出版社,2017.

[23] 陈康,刘建新.直升机结构与系统(ME-TH、PH)[M].北京：清华大学出版社,2016.

[24] 陈金良.无人机飞行管理[M].西安：西北工业大学出版社,2014

[25] 马丁·西蒙斯.模型飞机空气动力学[M].北京：航空工业出版社,2007.